U0176355

工程技术综合实践

王虎军◎主编

吴培宁　孙晓霞　孟春伟◎副主编

GONGCHENG JISHU ZONGHE SHIJIAN

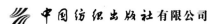

中国纺织出版社有限公司

内 容 提 要

实践教学是高等教育人才培养中的重要环节之一，在培养学生创新能力、提升综合素质过程中具有举足轻重的地位。工程技术综合实践是高校实践教学的一种重要形式，本书共分为4章：数控车床编程与操作，数控加工中心的自动编程与操作，钳工技术实训，3D打印。本书既包括传统金工实习中的钳工操作，也包括现代机械加工中的数控车床、数控加工中心和3D打印。全书贯彻项目化教学的思路，实用性和可操作性较强，可供参与实践教学的教师和学生参考。本书旨在培养学生综合运用所学知识的能力、独立思考的能力和团队合作解决工程实际问题的能力；培养学生的创新精神、协作精神、劳动精神。

图书在版编目（CIP）数据

工程技术综合实践/王虎军主编；吴培宁，孙晓霞，孟春伟副主编. --北京：中国纺织出版社有限公司，2022.11

ISBN 978-7-5180-9526-1

Ⅰ.①工… Ⅱ.①王… ②吴… ③孙… ④孟… Ⅲ.①金属切削—高等学校—教材 Ⅳ.①TG506

中国版本图书馆CIP数据核字（2022）第078960号

责任编辑：毕仕林 国 帅 责任校对：高 涵
责任印制：王艳丽

中国纺织出版社有限公司出版发行
地址：北京市朝阳区百子湾东里A407号楼 邮政编码：100124
销售电话：010—67004422 传真：010—87155801
http://www.c-textilep.com
中国纺织出版社天猫旗舰店
官方微博 http://weibo.com/2119887771
唐山玺诚印务有限公司印刷 各地新华书店经销
2022年11月第1版第1次印刷
开本：710×1000 1/16 印张：14.5
字数：310千字 定价：98.00元

前　言

　　实践教学是高等教育人才培养中的重要环节之一，在培养学生创新能力、提升综合素质过程中具有举足轻重的地位。工程技术综合实践是高校实践教学的一种重要形式，可以培养学生综合运用所学知识、独立思考和团队合作解决工程实际问题的能力，培养学生的创新精神、协作精神、劳动精神。

　　本书在作者总结多年来的教学实践经验，参考大量教材、文献、著作的基础上编写而成。本书既包括传统金工实习中的钳工操作，也包括现代机械加工中的数控车床、数控加工中心和3D打印。全书贯彻项目化教学的思路，实用性和可操作性较强，可供参与实践教学的教师和学生参考。

　　本书共分为4章：第1章数控车床编程与操作，主要介绍数控车床的基本知识、数控车床的基本操作、数控车床编程基础、数控车床综合加工实例；第2章数控加工中心的自动编程与操作，主要介绍加工中心概述、加工中心基本操作、加工中心编程基础、加工中心编程实例；第3章钳工技术实训，主要介绍钳工基础知识、钳工常用量具、钳工实训操作技能、钳工实训实例；第4章3D打印，主要介绍3D打印的基本知识和流程。

　　参加本书编写的有王虎军（第1章）、吴培宁（第2章）、孟春伟（第3章）、孙晓霞（第4章）。

　　本书在编写过程中得到了中国劳动关系学院、中国纺织出版社有限公司有关领导和工作人员的支持和帮助，并参考和引用了一些现有的文献和资料，在此一并表示衷心的感谢！

　　由于编者水平和经验有限，加之时间仓促，书中难免会有一些疏漏和不足之处，敬请广大读者和专家批评指正。

编　者

目　录

第1章　数控车床编程与操作

1.1　数控车床的基本知识

1.1.1　数控车床的结构组成

车床是指用于包括内外圆柱面的车削加工、端面车削加工、钻孔加工、螺纹加工、复杂外形轮廓回转面车削加工的设备。

数控车床是机电一体化设备，主要由输入输出装置、数控装置、伺服系统、位置检测反馈装置、车床本体和辅助控制系统组成。

1. 输入输出装置

输入装置的作用是将程序传送并存入数控装置。常用的输入装置是键盘和计算机通信接口；常用的输出装置是机床的显示器。数控装置通过显示器为操作员提供必要的信息，如程序信息、位置坐标值、报警信息等。

2. 数控装置

数控装置是数控机床的核心，数控机床的所有控制功能都由其控制完成。数控装置接收控制面板、反馈系统等信息，经过处理和分配后，向各驱动机构（伺服系统）发出位置、速度等指令，驱动相应对象执行规定命令。在执行过程中，驱动、检测等机构的有关信息反馈数控装置。

3. 伺服系统

伺服系统是执行数控装置所发指令的驱动机构，是联系数控装置与机床主体的纽带。伺服系统将数控装置发出的弱电信号经过功率放大器等电子器件放大为较强的电信号，将数字信息转换为模拟量（执行电动机轴的角位移和角速度）信息，驱动执行电动机带动机床运动部件按给定的速度和位置进行运动，完成零件的切削加工。

4. 位置检测反馈装置

位置检测反馈装置根据系统要求不间断监测运动部件的位置或速度，转换为电信号传输到数控装置，数控装置将接收的信号与目标指令相比较、运算后发出相应指令纠正误差。

5. 车床本体

车床本体是车床的主体，其作用与传统机床相同。与传统机床相比，其结构和性能上发生了较大的变化，具有结构简单、精度高、结构刚性好、可靠性高和传动效率高等特点。

6. 辅助控制系统

辅助控制系统接收数控装置输出的辅助控制指令，经过机床接口电路转换为电信号，用来控制冷却泵、换刀装置等辅助功能。

1.1.2　数控车床的分类

数控车床按安装方式、伺服类型、结构特点、功能水平等可分为不同类型（图1-1，图1-2）。

图 1-1　立式数控车床

图 1-2　卧式数控车床

1. 按安装方式分类

数控车床按安装方式可分为立式数控车床和卧式数控车床。立式数控车床卡盘轴线垂直于水平面，以加工盘类零件为主；卧式数控车床卡盘轴线平行于水平面，主要加工较长轴类的零件，用途较为广泛。

2. 按伺服类型分类

数控车床按伺服方式可分为开环、闭环和半闭环数控车床。

开环控制系统：多采用步进电机作为驱动部件，没有位置和速度反馈器件，故控制简单，主要用于经济型数控车床。

闭环控制系统：采用伺服电动机作为驱动部件，采用直接安装在工作台的光栅或感应同步器作为位置检测器件，构成高精度的全闭环位置控制系统。

半闭环控制系统：采用伺服电动机作为驱动部件，多采用内装于电动机内的脉冲编码器、旋转变压器作为位置/速度检测器件，构成半闭环控制系统。

3. 按结构特点分类

数控车床按床身结构形式可分为平床身、斜床身数控车床；按刀架位置形式可分为前置式和后置式。

4. 按功能水平分类

数控车床按功能水平可分为经济型、普及型和高档数控车床。

1.1.3　数控车床常用的刀具类型

数控车床能兼作粗、精加工。为使粗加工能以较大切削深度、较大进给速度加工，要求粗车刀具的强度高、耐用度好。精车需保证加工精度，故要求刀具的精度高、耐用度好。为减少换刀时间和方便对刀，应尽可能多地采用机夹刀（图 1-3，表 1-1）。

图 1-3　数控车床的常用刀具

表 1-1　数控车床常用刀具类型

刀具名称	应用
外圆车刀	用于车削外圆和端面
切断刀	用于车削圆槽和切断
螺纹刀	用于车削螺纹
内孔镗刀	用于镗孔
麻花钻	用于钻孔和扩孔加工
中心钻	用于加工长轴的中心定位孔；端面钻中心孔

1.1.4　常用的工装夹具

选择零件安装方式时，要合理选择定位基准和夹紧方案，力求设计、工艺与编程计算的基准统一，以利于提高编程时数值计算的简便性和精确性。另外，夹具设计要尽量保证减少装夹次数。

在数控车床上车削工件时，要根据工件结构特点和工件加工要求，确定合理装夹方式，选用相应的夹具。如轴类零件的定位方式通常是一端外圆固定，即用三爪自定心卡盘、四爪单动卡盘或弹簧套固定工件的外圆表面，但此定位方式对工件的悬伸长度有一定的限制，工件的悬伸长度过长，在切削过程中会产生较大的变形，严重时将无法切削。切削长度过长的工件可以采用一夹一顶或两顶尖装夹。

通用夹具是指已经标准化，无须调整或稍加调整就可用于装夹不同工件的夹具。数控车床或数控卧式车削加工中心常用装夹方案和通用工装夹具有以下 5 种。

1. 三爪自定心卡盘

三爪自定心卡盘是数控车床最常用的夹具，它限制了工件 4 个自由度。它的特点是可以自定心，夹持工件时一般不需要找正，装夹速度较快，但夹紧力较小，定心精度不高，适于装夹中小型圆柱形、正三角形或正六边形工件，不适合同轴度要求高的工件的二次装夹。三爪自定心卡盘常见的有机械式和液压式两种。液压卡盘适合于批量生产。

2. 四爪单动卡盘

四爪单动卡盘是数控车床常见的装夹方式，它有四个独立运动的卡爪，因此装夹工件时须仔细校正工件位置，使工件的旋转轴线与车床主轴的旋转轴线重合。用四爪单动卡盘装夹时，夹紧力较大，装夹精度较高，不受卡爪磨损的影响，但夹持工件时需要找正，适用于装夹偏心距较小、形状不规则或大型工件等。

3. 软爪

由于三爪自定心卡盘定心精度不高，因此当加工同轴度要求高的工件二次装夹时常使用软爪。软爪是一种可以加工的卡爪，在使用前配合被加工工件的特点制造。

4. 中心孔定位顶尖

①两顶尖用于较长的或必须经过多次装夹才能完成加工的轴类工件，如长轴、长丝杠、光杠等细长轴类零件车削，或工序较多，在车削后还要铣削或磨削的工件。其前顶尖为普通顶尖，装在主轴孔内，并随主轴一起转动，后顶尖为活顶尖装在尾架套筒内。工件利用中心孔被顶在前后顶尖之间。该方式无须找正，装夹精度高，适用于多工序加工或精加工。

②拨动顶尖有内、外拨动顶尖和端面拨动顶尖两种。内、外拨动顶尖是通过带齿的锥面嵌入工件拨动工件旋转的，端面拨动顶尖利用端面的拨爪带动工件旋转。

③一夹一顶。车削较重、较长的轴体零件要用一端夹持，另一端用后顶尖顶住的方式安装工件，可选用较大的切削用量进行加工。

5. 心轴与弹簧卡头

以孔为定位基准，用心轴装夹加工外表面。以外圆为定位基准，采用弹簧卡头装夹加工内表面，用心轴或弹簧卡头装夹工件定位精度高，装夹方便，适于装夹内外表面的位置精度要求较高的套类零件。

1.1.5　切削用量的选择

1.1.5.1　切削用量的选择原则

切削用量的大小对加工质量、刀具磨损、切削功率和加工成本等均有显著影响。切削加工时，需要根据加工条件选择适当的切削速度（或主轴转速）、进给量（或进给速度）和背吃刀量的数值。切削速度、进给量和背吃刀量，统称为切削用量三要素。数控加工中选择切削用量时，要在保证加工质量和刀具耐用度的前提下，充分发挥机床性能和刀具切削性能，使切削效率最高，加工成本最低。合理选择切削用量的原则如下。

1. 粗加工时切削用量的选择原则

首先选取尽可能大的背吃刀量；其次根据机床动力和刚性的限制条件等，选取尽可能大的进给量；最后根据刀具耐用度确定最佳切削速度。

2. 精加工时切削用量的选择原则

首先根据粗加工后的余量确定背吃刀量；其次根据已加工表面的粗糙度要求，选取较小的进给量；最后在保证刀具耐用度的前提下，尽可能选取较高的切削速度。

粗加工以提高生产效率为主，但也要考虑经济性和加工成本；而半精加工和精加工时，以保证加工质量为目的，兼顾加工效率、经济性和加工成本。具体数值应根据机床说明，参考切削用量手册，并结合实践经验而定。

1.1.5.2　切削用量各要素的选择方法

1. 背吃刀量的选择

根据工件的加工余量确定。在留下精加工及半精加工的余量后，在机床动力足够、工艺系统刚性好的情况下，粗加工应尽可能将剩下的余量一次切除，以减少进给次数。如果工件余量过大或机床动力不足而不能将粗切余量一次切除时，也应将第一、二次进给的背吃刀量尽可能取得大一些。另外，当冲击负荷较大（如断线切削）或工艺系统刚性较差时，应适当减小背吃刀量。

2. 进给量和进给速度的选择

进给量（或进给速度）是数控车床切削用量中的重要参数，主要根据零件的加工精度和表面粗糙度要求以及刀具和工件材料来选择。粗加工时，对加工表面粗糙度要求不高，进给量（或进给速度）可以选择得大些，以提高生产效率。而半精加工及精加工时，进给量（或进给速度）应选择小些。

最大进给速度受机床刚度和进给系统性能的限制。一般数控机床进给速度是连续变化的，各挡进给速度可在一定范围内进行无级调整，也可在加工过程中通过机床控制面板上的进给速度倍率开关进行人工调整。

3. 切削速度的选择

切削速度的选择，主要考虑刀具、工件的材料和可使用寿命，切削加工的经济性，同时切削负荷不能超过机床的额定功率。在选择切削速度时，还应考虑以下几点。

①要获得较小的表面粗糙度值时，切削速度应尽量避开积屑瘤的生成速度范围，一般可取较高的切削速度。

②加工带硬皮工件或断续切削时，为减小冲击和热应力，应选取较低的切削速度。

③加工大件、细长件和薄壁工作时，应选用较低的切削速度。

总之，选择切削用量时，除考虑被加工材料、加工要求、刀具材料、生产效率、工艺系统刚性、刀具寿命因素以外，还应考虑加工过程中的断屑、卷屑要求，因为可转位刀片上不同形式的断屑槽有其各自适用的切削用量。如果选用的切削用量与刀片不相配，断屑就达不到预期的效果，在选择切削用量时须注意。

1.1.6　数控车床的加工工艺流程

数控加工的工艺流程：零件图纸→分析零件图纸，确定加工工艺并填写工艺卡和工序卡→编写零件程序，录入 CNC→进行程序检查，试运行→对刀，设置工件坐标系，设置刀具偏置→运行加工程序，进行零件加工→检查工件尺寸，修改程序或刀补→加工完成，检验。

1. 零件图纸

检查零件图纸，确认零件图纸正确。对零件图进行数学处理，进行编程所需节点及螺纹等图纸未标尺寸的计算。

2. 分析零件图纸，确定加工工艺并填写工艺卡和工序卡

根据零件图纸提供的零件形状、材料、精度、表面粗糙度、位置精度等，进行工艺分析，选择合适的机床和刀具，确定切削用量，并且根据生产量确定加工工艺。

（1）机床的合理选用

根据零件的结构尺寸、精度要求、生产批量和工厂的设备条件以及工人技术构成选择结构合理、稳定可靠的数控机床。

①尽可能地把粗车和精车分别安排在精度低和精度高的机床上，这样有利于长时间保持精度高的机床的精度。

②短零件尽可能安排在短床身的机床上，可避免机床的局部过快磨损。

③当有一定的批量时，尽可能地把粗车和精车分开，这样有利于长时间保持精度高的机床的精度，同时也可提高劳动生产率。

④根据工人技术构成，尽可能地把粗车和精车分开，这样有利于保证产品质量。

（2）数控加工工艺性分析

①零件的结构工艺性分析，审查零件图样中的轮廓及尺寸标注是否适于加工和编程；审查零件尺寸标注的完整性。

②零件的精度与技术要求分析，审查零件加工精度能否满足零件精度要求，同时进行加工经济性分析，力求同时满足技术性和经济性要求。

（3）加工方法和加工方案的确定

根据零件图样要求和加工余量，选择经济合理的加工方法，可选粗车、半精车、精车、精密车等。

（4）工序和工步的划分

按照工序集中和工序分散原则，合理确定工序和工步。

（5）零件的定位和安装

按照工件的六点定位原理，合理确定定位和安装方式。

（6）加工刀具选择

按照综合考虑经济和技术指标原则，合理选择加工刀具。

（7）切削用量的确定

按照综合考虑经济和技术指标原则，合理选择切削用量。

（8）加工路线的确定

按照合理利用现有设备、人员资源，最大限度地发挥这些资源潜力的原则，合理确定加工路线。

（9）填写工艺卡和工序卡

最后将以上分析结果填写到工艺卡和工序卡中。

3. 编写零件程序，录入 CNC

①首先确定工件坐标系的原点。原点的选择要有利于编程、测量，有利于保证零件精度。

②根据工艺卡和工序卡规定的加工顺序、切削用量、刀具等编写零件程序。

③录入 CNC。

4. 进行程序检查，试运行

试运行既可验证加工工艺流程，又是保证人身和设备安全的必备工作。

5. 对刀，设置工件坐标系、设置刀具偏置

根据编写零件程序时确定的工件坐标系的原点，进行对刀操作。

6. 运行加工程序，进行零件加工

首件加工要把人身和设备安全放在第一位，可将切削用量调到正常工作时的50%左右。同时，要加倍提高注意力，确保人身和设备安全。

7. 检查工件尺寸，修改程序或刀补

检查工件尺寸，当工件实际尺寸与工件图纸尺寸不一致时，需修改程序或修改刀补。

8. 加工完成，检验

首件加工完成后，先自检并经质检员检查确认合格才能进行批量加工。

1.2　数控车床的基本操作

本节以 ϕ 80 mm×200 mm 工件、FANUC 0i Mate-TC 数控系统为例介绍数控车床的基本操作。

1.2.1　开机

首先将机床总电源开关打开至"ON"状态（图1-4），然后按下数控系统面板上的电源开关启动数控系统（图1-5），待数控系统进行开机自检后进入开机画面（图1-6）。

图 1-4 机床总电源开关   图 1-5 数控系统电源开关

1.2.2 装夹工件、安装刀具

三爪卡盘装夹工件。安装刀具。1 号刀位安装外圆车刀；2 号刀位安装切断刀（如刀片宽度 2 mm）；3 号刀位安装螺纹刀。

1.2.3 对刀

在控制面板上选择 MDI（数据输入）模式，在输入面板中选择 PROG（程序）按钮，输入程序"M03 S600;"，使主轴转动，如图 1-7 所示。

图 1-6 显示器开机画面

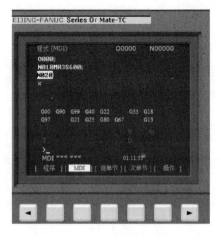

图 1-7 主轴转动程序输入页面

1.2.3.1 对刀：外圆车刀

在控制面板中点击转动刀架按钮，选择 01 号外圆车刀，准备对刀。

Z 向：先选择控制面板中手轮按钮，使用手轮移动外圆车刀，试切面，保持 Z 向不变退刀，如图 1-8 所示。

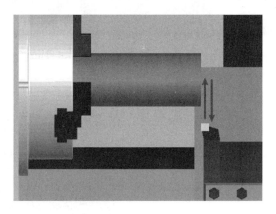

图 1-8　外圆车刀 Z 向对刀

在输入面板中，依次选择 OFS/SET（参数设置）按钮，选择软键［补正］，选择［形状］，进入［刀具补正/几何］界面。在相应位置输入 Z0，按下软键［测量］，即得到对刀后的 Z 值，如图 1-9 所示，完成 Z 向对刀。

图 1-9　补偿参数页面

X 向：使用手轮将外圆车刀移动至外圆表面右侧，试切外圆，保持 X 向不变退刀，如图 1-10 所示。

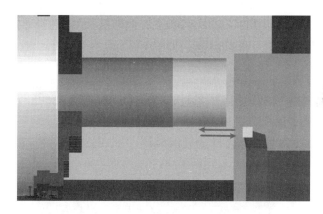

图 1-10　外圆车刀 X 向对刀

停主轴，用游标卡尺测量试切后的外圆直径，并记录。然后在输入面板中，依次选择 OFS/SET（参数设置）按钮，选择软键 [补正]，选择 [形状]，进入 [刀具补正/几何] 界面。在相应位置输入 X 值（如 X79.602），按下软键 [测量]，即得到对刀后的 X 值，如图 1-11 所示，完成 X 向对刀。

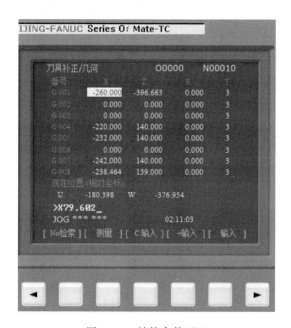

图 1-11　补偿参数页面

1.2.3.2 对刀：切断刀

在控制面板中点击转动刀架按钮，选择 02 号切断刀，准备对刀。

Z 向：使用手轮移动切断刀，使切断刀右侧与端面对齐；X 向：使用手轮，使切断刀刀头与外圆表面处于相切状态，如图 1-12 所示。

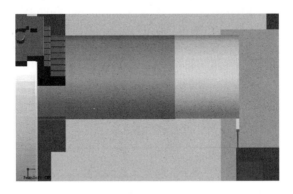

图 1-12　切断刀 Z 向、X 向对刀

在输入面板中，依次选择 OFS/SET（参数设置）按钮，选择软键［补正］，选择［形状］，进入［刀具补正/几何］界面。在相应位置输入 Z-2，按下软键［测量］，即得到对刀后的 Z 值，如图 1-13 所示，完成 Z 向对刀。

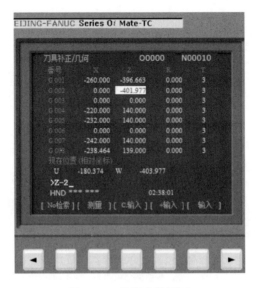

图 1-13　补偿参数页面

在相应位置输入 X 值（如 X79.602），按下软键［测量］，即得到对刀后的 X 值，如图 1-14 所示，完成 X 向对刀。

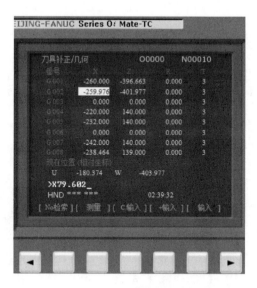

图 1-14　补偿参数页面

1.2.3.3　对刀：螺纹刀

在控制面板中点击转动刀架按钮，选择 03 号螺纹刀，准备对刀。

Z 向、X 向：使用手轮，将螺纹刀刀尖和外圆面与端面的交线相接触，如图 1-15 所示。

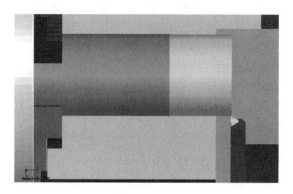

图 1-15　螺纹刀 Z 向、X 向对刀

在输入面板中，依次选择 OFS/SET（参数设置）按钮，选择软键［补正］，选

择［形状］，进入［刀具补正/几何］界面。在相应位置输入 Z0，按下软键［测量］，即得到对刀后的 Z 值；在相应位置输入 X 值（如 X79.602），按下软键［测量］，即得到对刀后的 X 值。如图 1-16 所示，完成螺纹刀对刀。

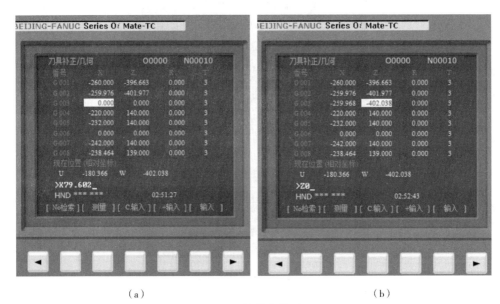

（a）　　　　　　　　　　　　　　（b）

图 1-16　补偿参数页面

1.2.4　程序的新建和输入

在控制面板上选择 EDIT（编辑），在输入面板中选择 PROG（程序）显示出程序界面，输入新程序号，如"O0012"，再按 EOB 功能键，按 INSERT 功能键，显示"O0012"程序界面，在此输入程序。

1.2.5　程序的运行

选择自动运行方式，再按下机床面板上的循环启动按钮，自动运行启动，循环启动灯点亮。当自动运行结束，循环启动灯灭。

1.3　数控车床编程基础

1.3.1　数控车床的程序结构

FANUC 0i Mate-TC 数控系统的主程序或子程序都是由程序开始符、程序号、程序段和程序结束语、程序结束符组成。一个程序是由遵循一定结构、句法和格式规则的若干个程序段组成，每个程序段由若干个指令字组成，如图 1-17 所示。

```
%
O0001；
N0010 M03 S300；
N0020 T0101；
N0030 G00 X50 Z50；
N0040 G01 …；
…
…
N0090 G00 X200 Z200；
N0110 M05；
N0120 M30；
%
```

图 1-17　数控程序

1. 程序的文件名

程序起始符:%或 O 符。

程序名：FANUC 0i Mate-TC 数控系统要求每个主程序和子程序有一个程序号：O××××（地址 O 后面可以有四位数字 0-9999）。例如：O0001。

2. 程序段的格式

程序段含有执行工序所需要的全部数据内容，是由若干个字和程序段结束符";"组成。每个字是由地址符和数值所组成。

地址符：一般是一个字母，扩展地址符也可以包含多个字母。

数值：数值是一个数字串，可以带正负号和小数点，正号可以省略。

程序段格式（表 1-2）：N ＿ G ＿ X ＿ Z ＿ F ＿ T ＿ S ＿ M ＿ ；注释……。

表 1-2　符号和说明

符号	说明
N ＿	程序段号，一般以 5 或 10 间隔，以便插入程序段时无需重新编排程序段号
G ＿	准备功能
X ＿ Z ＿	尺寸字
F ＿	进给功能
T ＿	刀具功能

续表

符号	说明
S __	主轴功能
M __	辅助功能
;	程序段结束符

3. 指令字的格式

指令字由地址符（指令字符）和带符号（如定义尺寸的字）或不带符号（如准备功能字 G 代码）的数字组成。

程序段中不同的指令字符及其后续数值确定了每个指令字的含义。在数控程序段中包含的主要指令字符如表 1-3 所示。

表 1-3　指令字符一览表

功能	地址	说明
零件程序号	O	程序号：1~9999
程序段号	N	程序段号：N1~9999
准备功能	G	指令运动方式（直线、圆弧等）G00-G99
尺寸字	X，Z U，W	坐标轴的运动指令
	R	圆弧的半径，固定循环的参数
	I，K	圆心相对于起点坐标
进给速度	F	进给速度指令
主轴功能	S	主轴速度指令
刀具功能	T	刀具编号指令
辅助功能	M	机床辅助动作指令 M00~M99
程序号的指令	P	子程序号的指令
参数	P，Q	车削复合循环参数
倒角、圆角	C，R	倒角、倒圆参数指令

4. 数控车床程序的基本指令

（1）准备功能（G 功能或 G 指令）

准备功能是控制机床运动方式的指令。指令格式为：G××，由地址字 G 和数字组成。FANUC 0i Mate-TC 数控系统常用 G 功能指令见表 1-4。

表 1-4　FANUC 0i Mate-TC 数控系统常用准备功能一览表

G 代码	功能	参数（后续地址字）
G00	快速定位	X，Z
G01	直线插补	同上
G02	顺圆插补	X，Z，I，K，R
G03	逆圆插补	同上
G04	暂停	P
G20	英寸输入	X，Z
G21	毫米输入	同上
G27	返回参考值检查	
G28	返回参考点	
G32	恒螺纹切削	X，Z，U，W
G40	刀尖半径补偿取消	
G41	左刀补	T
G42	右刀补	T
G54		
G55		
G56	坐标系选择	
G57		
G58		
G59		
G65	宏指令简单调用	P
G70	精车循环	
G71	外径/内径车削复合循环	
G72	端面车削复合循环	X，Z，U，W，P，Q
G73	仿形车削复合循环	
G76	螺纹切削复合循环	
G90	简单外径循环	X，Z，R
G92	简单螺纹循环	X，Z，R
G94	简单断面循环	X，Z，R
G96	恒线速度切削	
G97	恒转速度切削	

G 代码	功能	参数（后续地址字）
G98	每分钟进给	
G99	每转进给	

（2）辅助功能（M 功能或 M 指令）

辅助功能是用于控制零件程序的走向，以及机床各种辅助功能动作（如冷却液的开关、主轴正反转等）的指令。指令格式为：MXX，由地址字 M 和数字组成。FANUC 0i Mate-TC 系统常用辅助功能见表 1-5。

表 1-5　FANUC 0i Mate-TC 系统常用辅助功能指令

M 指令	功能	说明
M00	程序暂停	用 M00 暂停程序的执行，按"循环启动"键加工继续执行
M01	选择停止	与 M00 一样，但仅在机床操作面板上"选择停"的选择开关按下时才生效
M02	主程序结束	自动运行停止且 CNC 装置被复位
M03	主轴正转	
M04	主轴反转	
M05	主轴停止	
M08	切削液开	
M09	切削液关	
M30	主程序结束	主程序结束并返回程序起点
M98	调用子程序	
M99	子程序结束，返回主程序	

（3）F 功能

F 功能表示刀具的切削进给量（进给速度），是所有移动坐标轴速度的矢量和。F 功能在 G01、G02、G03 等插补指令中生效，在程序中第一次出现插补指令之前或同时，应设定 F 功能指令。F 指令一旦设定就一直有效直到被新的 F 指令取代。

在程序中，有两种使用方法：

①每转进给量。

指令格式：G99 F __ 。

F 后面的数字表示的是主轴每转进给量，单位为 mm/r。

例：G99 F0. 2 表示进给量为 0. 2 mm/r。

②每分钟进给量。

指令格式：G98 F ＿＿。

F 后面的数字表示的是每分钟进给量，单位为 mm/min。

例：G98 F100 表示进给量为 100 mm/min。

数控车床默认为 G99。

（4）S 功能

S 功能指令用于控制主轴转速，其后的数值表示主轴速度，单位为 r/min。S 主轴转速还可以通过机床控制面板上的主轴倍率开关进行修调（表 1-6）。

指令格式：S ＿＿。

表 1-6　S 功能转速控制格式表

转速控制	指令格式	说明	例子
最高转速限制	G50 S ＿＿	S 后面的数字表示的是最高转速：r/min	G50 S3000 表示最高转速限制为 3000 r/min
恒线速控制	G96 S ＿＿	S 后面的数字表示的是恒定的线速度：m/min	G96 S150 表示切削点线速度控制在 150 mm/min（外径大小不同，主轴转速不同）
恒线速度取消	G97 S ＿＿	S 后面的数字表示恒线速度控制取消后的主轴转速，如 S 未指定，将保留 G96 的最终值	G97 S3000 表示恒线速控制取消后主轴转速 3000 r/min

（5）T 功能

T 代码用于选择所用刀具，指令格式：T ＿＿。

例：T0202。

T 后面的四位数字：前两位是选用的刀具号，表示选用 2 号刀；后两位是刀具补偿号，表示 2 号刀具的长度补偿值、刀尖圆弧半径补偿值及刀位码号。T0300 表示取消刀具补偿。

执行 T 指令，转动转塔刀架，选用指定的刀具。当一个程序段同时包含 T 代码与刀具移动指令时：先执行 T 代码指令，后执行刀具移动指令。T 指令同时调入刀补寄存器中的补偿值。

1.3.2 数控车床程序的编制

1.3.2.1 程序的编制指令

1. 工件坐标系设定指令 G50

指令格式：G50 X_ Z_ 。

参数含义：X、Z——刀具起始点在工件坐标系中的坐标值。

例：如图 1-18 所示。

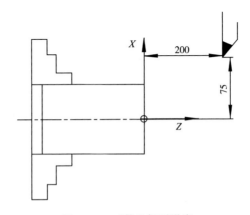

图 1-18   工件坐标系设定

G50 X150 Z200——执行该指令后工件坐标原点即建立在图 1-18 所示位置。

2. 快速移动指令 G00

指令格式：G00 X（U）__ Z（W）__。

X、Z——目标点坐标。

例：如图 1-19 所示，刀具从 P1 点快速移动至 P2 点：G00 X20 Z2（绝对值编程）或 G00 U-20 W-30（增量值编程）。

3. 直线插补指令 G01

指令格式：G01 X（U）__ Z（W）__ F __。

X、Z——目标点坐标。

F——进给速度（单位：mm/r 或 mm/min）。

直线插补是刀具以 F 指定的进给速度从当前点沿直线移动至目标点。

例：如图 1-20 所示，刀具由 P1 点切削至 P2 点，至 P3 点，至 P4 点。

G01 X20 Z-10 F0.2;（绝对值编程，F 单位：mm/r。）

G01 X32 Z-24;

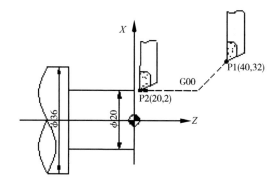

图 1-19　G00 快速定位

G01 X40。

或：

G01 W-12 F0.2；（相对值编程，F 单位：mm/r。）

G01 U12 W-14；

G01 U8。

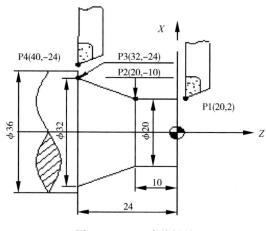

图 1-20　G01 直线插补

4. 圆弧插补指令 G02 和 G03

G02——顺时针圆弧插补指令。

G03——逆时针圆弧插补指令。

指令格式：G02/G03 X（U）_ Z（W）_ R_ F_ 。（起点、终点、半径。）

　　　　　　G02/G03 X（U）_ Z（W）_ I_ K_ F_ 。（起点、终点、圆心。）

X、Z——圆弧终点坐标。

R——圆弧半径。

I——圆弧圆心相对圆弧起点的 X 向的增量值。

K——圆弧圆心相对圆弧起点的 Z 向的增量值。

例：如图 1-21 所示，刀具沿轮廓从 P1 点切至 P2 点。

G03 X20 Z-10 R10 F0.2；

G01 Z-15；

G02 X36 Z-23 R8。

或：

G03 X20 Z-10 I0 K-10 F0.2；

G01 Z-15；

G02 X36 Z-23 I8 K0。

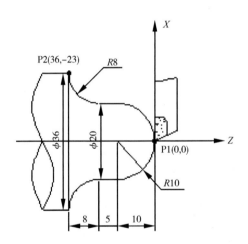

图 1-21　圆弧插补

5. 刀尖圆弧自动补偿功能

编程时，通常都将车刀刀尖作为一点来考虑，但实际上刀尖处存在圆角，如图 1-22 所示。当用按理论刀尖点编出的程序进行端面、外径、内径等与轴线平行或垂直的表面加工时，不会产生误差。但在进行倒角、锥面及圆弧切削时，则会产生少切或过切现象，如图 1-23所示。具有刀尖圆弧自动补偿功能的数控系统能根据刀尖圆弧半径计算出补偿量，避免少切或过切现象的产生。

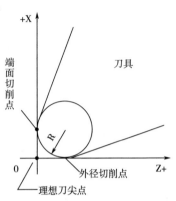

图 1-22　刀尖圆角 R

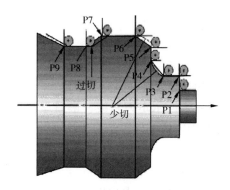

图 1-23　刀尖圆角 R 造成的少切与过切

G40——取消刀具半径补偿，按程序路径进给。

G41——左偏刀具半径补偿，按程序路径前进方向刀具偏在零件左侧进给。

G42——右偏刀具半径补偿，按程序路径前进方向刀具偏在零件右侧进给。

在设置刀尖圆弧自动补偿值时，还要设置刀尖圆弧位置编码，指定编码值的方法参考图 1-24。

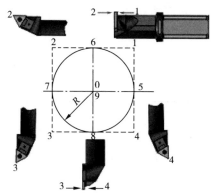

图 1-24　刀尖圆弧位置编码

1.3.2.2　单一固定循环指令

当车削加工余量较大，需要多次进刀切削加工时，可采用循环指令编写加工程序，这样可减少程序段的数量，缩短编程时间和提高数控机床工作效率。根据刀具切削加工的循环路线不同，循环指令可分为单一固定循环指令和多重复合循环指令，下面介绍单一固定循环指令。

对于加工几何形状简单、刀具走刀路线单一的工件，可采用固定循环指令编程，即只需用一条指令、一个程序段完成刀具的多步动作。固定循环指令中刀具的运动分四步：进刀、切削、退刀与返回。

1. 外圆切削循环指令（G90）

指令格式：G90 X（U）＿ Z（W）＿ R＿ F＿ 。

指令功能：实现外圆切削循环和锥面切削循环。

刀具从循环起点按图 1-25 所示走刀路线，最后返回到循环起点，图中虚线表示快速移动，实线表示按 F 指定的工件进给速度移动。

指令说明：

①X、Z 表示切削终点坐标值。

②U、W 表示切削终点相对循环起点的坐标增量。

③R 表示切削始点与切削终点在 X 轴方向的坐标增量（半径值），外圆切削循环时 R 为零，可省略。

④F 表示进给速度。

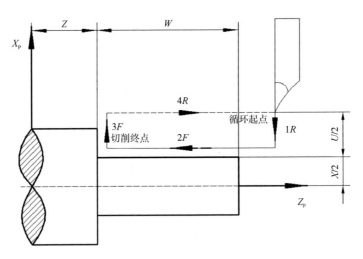

图 1-25　外圆切削循环

2. 端面切削循环指令（G94）

指令格式：G94 X（U）＿Z（W）＿ R＿F＿。

指令功能：实现端面切削循环和带锥度的端面切削循环。

刀具从循环起点，按图 1-26 所示走刀路线，最后返回到循环起点，图中虚线表示快速移动，实线按 F 指定的进给速度移动。

指令说明：

① X、Z 表示端平面切削终点坐标值。

② U、W 表示端面切削终点相对循环起点的坐标增量。

③ R 表示端面切削始点至切削终点位移在 Z 轴方向的坐标增量，端面切削循环时 R 为零，可省略。

④ F 表示进给速度。

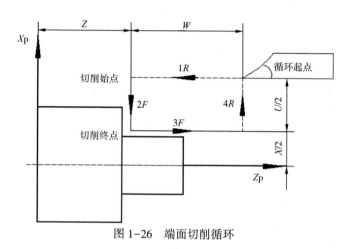

图 1-26   端面切削循环

1.3.2.3   复合固定循环指令

运用这组 G 代码，可以加工形状较复杂的零件，编程时只须指定精加工路线和粗加工背吃刀量，系统会自动计算出粗加工路线和加工次数，因此编程效率更高。

在这组指令中，G71、G72、G73 是粗车加工指令，G70 是 G71、G72、G73 粗加工后的精加工指令，G74 是深孔钻削固定循环指令，G75 是切槽固定循环指令。

1. 外圆粗加工复合循环指令（G71）

指令格式：G71   UΔd Re。

G71   Pns Qnf UΔu WΔw Ff Ss Tt。

指令功能：切除棒料毛坯大部分加工余量，切削是沿平行 Z 轴方向进行，见图 1-27。

A 为循环起点，A-A′-B 为精加工路线。

指令说明：

①Δd 表示每次切削深度（半径值），无正负号。

②e 表示退刀量（半径值），无正负号。

③ns 表示精加工路线第一个程序段的顺序号。

④nf 表示精加工路线最后一个程序段的顺序号。

⑤Δu 表示 X 方向的精加工余量，直径值。

⑥Δw 表示 Z 方向的精加工余量。

注意：

ns→nf 程序段中的 F、S、T 功能，即使被指定也对粗车循环无效。

零件轮廓方向为 A′-B。

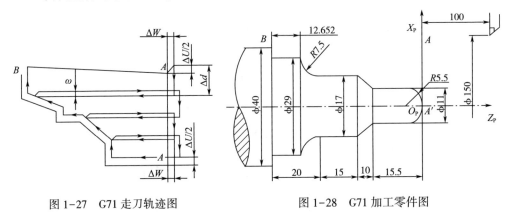

图 1-27   G71 走刀轨迹图   图 1-28   G71 加工零件图

【编程实例】如图 1-28 所示，采用外圆粗加工循环指令编程。

N010 M03 S800 T0101；

N020 G00 X41 Z1；

N030 G71 U2 R1；

N040 G71 P50 Q120 U0. 5 W0. 2 F0. 2；

N050 G00 X0；

N055 G01 Z0 F0. 1；

N060 G03 X11 W−5. 5 R5. 5；

N070 G01 W−10；

N080 X17 W−10；

N090 W−15；

N100 G02 X29 W−7. 348 R7. 5；

N110 G01 W−12. 652；

N120 X41；

N130 G70 P50 Q120；

N140 G0 X150 Z100；

N150 M30。

2. 端面粗加工复合循环指令（G72）

指令格式：G72 WΔd Re。

　　　　　G72 Pns Qnf UΔu WΔw Ff Ss Tt。

指令功能：除切削是沿平行 X 轴方向进行外，该指令功能与 G71 相同，如图 1-29 所示。

指令说明：Δd、e、ns、nf、Δu、Δw 的含义与 G71 相同。

注意：

①ns→nf 程序段中的 F、S、T 功能，即使被指定对粗车循环无效。

②零件轮廓方向为 A′-B。

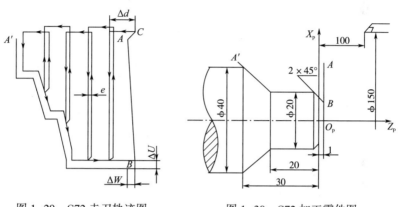

图 1-29　G72 走刀轨迹图　　　　图 1-30　G72 加工零件图

【编程实例】如图 1-30 所示，采用端面粗加工循环指令编程。

N010 M03 S800 T0101；

N020 G00 X42 Z1；

N030 G72 W1 R1；

N040 G72 P50 Q80 U0. 1 W0. 2 F0. 2；

N050 G00 Z-31；

N060 G01 X20 Z-20 F0. 2；

N070 Z-2；

N080 X14 Z1；

N090 G70 P50 Q80；

N100 G00 X150 Z100；

N110 M30。

3. 固定形状切削复合循环指令（G73）

指令格式：G73 UΔi WΔk Rd。

　　　　　　G73 Pns Qnf UΔu WΔw Ff Ss Tt。

指令功能：适合加工铸造、锻造成形的工件，如图 1-31 所示。

指令说明：

①Δi 表示 X 轴向总退刀量（半径值）。

②Δk 表示 Z 轴向总退刀量。

③d 表示分割循环次数。

④ns、nf 表示精加工路线第一个、最后一个程序段的顺序号。

⑤Δu 表示 X 方向的精加工余量（直径值）。

⑥Δw 表示 Z 方向的精加工余量。

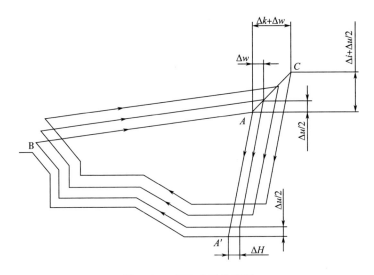

图 1-31　G73 走刀轨迹图

固定形状切削复合循环指令的特点：

①刀具轨迹平行于工件的轮廓，故适合加工铸造和锻造成形的坯料。

②背吃刀量分别通过 X 轴方向总退刀量 Δi 和 Z 轴方向总退刀量 Δk 除以循环次数 d 求得。

③总退刀量 Δi 与 Δk 值的设定与工件的切削深度有关。

使用固定形状切削复合循环指令，首先要确定换刀点、循环点 A、切削始点 A′ 和切削终点 B 的坐标位置。分析上图，A 点为循环点，A′→B 是工件的轮廓线，A→A′→B 为刀具的精加工路线，粗加工时刀具从 A 点后退至 C 点，后退距离分别为 Δi+Δu/2，Δk+Δw，这样粗加工循环之后自动留出精加工余量 Δu/2、Δw。

顺序号 ns 至 nf 之间的程序段描述刀具切削加工的路线。

【编程实例】如图 1-32 所示，运用固定形状切削复合循环指令编程。

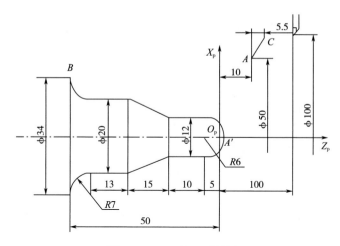

图 1-32　G73 加工零件图

N010 M03 S800 T0101；

N020 G00 X50 Z10；

N030 G73 U18 W5 R10；

N040 G73 P50 Q100 U0.5 W0.5 F0.2；

N050 G01 X0 Z1 F0.1；

N060 G03 X12 W-6 R6；

N070 G01 W-10；

N080 X20 W-15；

N090 W-13；

N100 G02 X34 W-7 R7；

N110 G70 P50 Q100；

N120 G0 X100 Z100；

N130 M30。

4. 精车复合循环（G70）

指令格式：G70 Pns Qnf。

指令功能：用 G71、G72、G73 指令粗加工完毕后，可用精加工循环指令，使刀具进行 A-A'-B 的精加工（如以上走刀轨迹图）。

指令说明：

①ns 表示指定精加工路线第一个程序段的顺序号。

②nf 表示指定精加工路线最后一个程序段的顺序号。

G70~G73 循环指令调用 N（ns）至 N（nf）之间程序段，其中程序段中不能调用子程序。

1.3.2.4 螺纹切削指令

1. 单行程螺纹切削指令（G32）

指令格式：G32　X（U）_ Z（W）_ F _。

指令功能：切削加工圆柱螺纹、圆锥螺纹和平面螺纹。

指令说明：

①F 表示螺纹导程，对于圆锥螺纹（图 1-33），倾斜角 α 在 45° 以下时，螺纹导程以 Z 轴方向指定；倾斜角 α 在 45°~90° 时，以 X 轴方向指定。

②圆柱螺纹切削加工时，X、U 值可以省略，格式为 G32 Z（W）_ F _。

③端面螺纹切削加工时，Z、W 值可以省略，格式为 G32 X（U）_ F _。

④螺纹切削应注意在两端设置足够的升速进刀段 δ1 和降速退刀段 δ2，即在程序设计时，应将车刀的切入、切出、返回均应编入程序中。

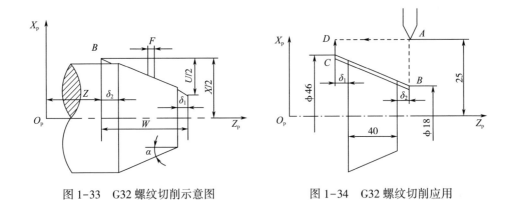

图 1-33　G32 螺纹切削示意图　　　　图 1-34　G32 螺纹切削应用

【编程实例】如图 1-34 所示，走刀路线为 A–B–C–D–A，切削圆锥螺纹，螺纹导程为 4 mm，$\delta_1 = 3$ mm，$\delta_2 = 2$ mm，每次背吃刀量为 1 mm，切削深度为 2 mm。

G00 X16；

G32 X44 W-45 F4；

G00 X50；

W45；

X14；

G32 X42 W-45 F4；

G00 X50；

W45。

2. 螺纹切削循环指令（G92）

指令格式：G92 X（U）_ Z（W）_ R _ F _。

指令功能：切削圆柱螺纹和锥螺纹，刀具从循环起点，按图 1-35 与图 1-36 所示走刀路线，最后返回到循环起点，图中虚线表示快速移动，实线按 F 指定的进给速度移动。

指令说明：

X、Z 表示螺纹终点坐标值。

U、W 表示螺纹终点相对循环起点的坐标增量。

R 表示锥螺纹始点与终点在 X 轴方向的坐标增量（半径值），圆柱螺纹切削循环时 R 为零，可省略。

F 表示螺纹导程。

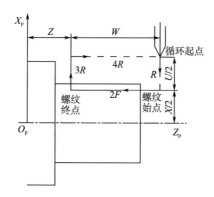 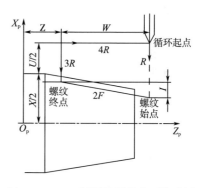

图 1-35　G92 切削圆柱螺纹走刀轨迹图　　图 1-36　G92 切削锥螺纹走刀轨迹图

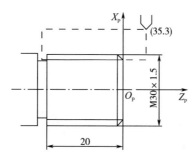  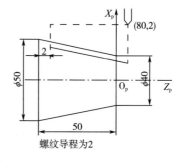

图 1-37　G92 圆柱螺纹切削应用　　图 1-38　G92 锥螺纹切削应用

【编程实例】如图 1-37 所示，运用圆柱螺纹切削循环指令编程。

G50 X100 Z50；

M03S300 T0101；

G00 X35 Z3；

G92 X29.2 Z-21 F1.5；

　　X28.6；

　　X28.2；

G00 X100 Z50 M05；

M02。

【编程实例】如图1-38所示，运用锥螺纹切削循环指令编程。

G50 X100 Z50；

M03S300 T0101；

G00 X80 Z2；

G92 X49.6 Z-48　R-5　F2；

　　X48.7；

　　X48.1；

　　X47.5；

　　X47.1；

　　X47；

G00 X100 Z50 M05；

M02。

3. 螺纹切削复合循环（G76）

指令格式：G76 Pmra QΔdmin Rd。

　　　　　G76 X（U）＿Z（W）＿Ri Pk QΔd Ff。

指令功能：该螺纹切削循环的工艺性比较合理，编程效率较高，螺纹切削循环路线及进刀方法如图1-39所示。

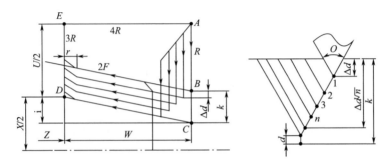

图1-39　螺纹切削复合循环（G76）走刀轨迹图

指令说明：

①m 表示精车重复次数，1～99。

②r 表示斜向退刀量单位数，或螺纹尾端倒角值，在 0.0f～9.9f，以 0.1f 为一单位，（即为 0.1 的整数倍），用 00～99 两位数字指定，其中 f 为螺距）。

③a 表示刀尖角度：从 80°、60°、55°、30°、29°、0°六个角度选择。

④Δdmin：表示最小切削深度，当计算深度小于 Δdmin，则取 Δdmin 作为切削深度。

⑤d 表示精加工余量，用半径编程指定。

⑥X、Z 表示螺纹终点的坐标值。

⑦U 表示增量坐标值。

⑧W 表示增量坐标值。

⑨I 表示锥螺纹的半径差，若 I = 0，则为直螺纹。

⑩k 表示螺纹高度（X 方向半径值）。

⑪Δd 表示第一次粗切深（半径值）。

⑫f 表示螺纹导程。

1.4 数控车床综合加工实例

【加工任务 1】如图 1-40 所示，试用数控车床 FANUC 0i Mate-TC 系统编写加工程序并进行加工。

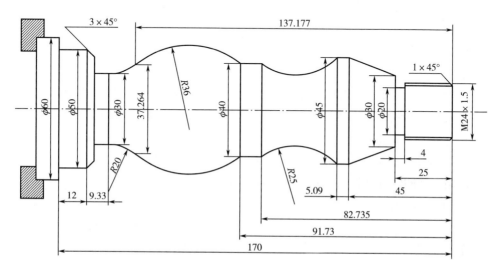

图 1-40 车削零件图

1.4.1 零件加工工艺分析

1. 设定工件坐标系

按基准重合原则，将工件坐标系的原点设定在零件右端面与回转轴线的交点位置。

2. 选择刀具

根据零件图的加工要求，需要加工零件的端面、圆柱面、圆锥面、圆弧面、倒角以及切割螺纹退刀槽和螺纹，共需用三把刀具。

1 号刀：45°外圆左偏刀，安装在 1 号刀位上。

2 号刀：切断刀，宽 4 mm。

3 号刀：60°外螺纹车刀。

3. 加工方案

使用 1 号外圆左偏刀加工零件的端面和零件各段的外表面；使用 2 号切断刀加工螺纹退刀槽；然后使用 3 号螺纹车刀加工螺纹；最后用 2 号切断刀切断工件。

4. 确定切削用量

切削深度：粗加工设定切削深度为 1.5 mm，精加工为 0.2 mm。

主轴转速：加工端面和各段外表面时设定主轴转速为 800 r/min。

进给速度：平端面、粗加工时设定进给速度为 0.1 mm/r，精加工时设定进给速度为 0.05 mm/r。切断工件、退刀槽、螺纹倒角时设定进给速度为 0.025 mm/r。

1.4.2 编程与操作

1. 编制程序

2. 程序输入数控系统

将程序在数控车床 EDIT 方式下直接输入数控系统，或通过计算机通信接口将程序输入数控系统。然后在 CRT 屏幕上模拟切削加工，检验程序的正确性。

3. 手动对刀操作

通过对刀操作设定工件坐标系，记录每把刀的刀尖偏置值，在运行加工程序中，调用刀具的偏置号，实现对刀尖偏置值的补偿。

4. 自动加工操作

选择自动运行方式，然后按下循环启动按钮，机床即按编写的加工程序对工件进行全自动加工。

%

O0001；

M03 S800；

T0101；

G00 X65 Z3；

G73 U22.5 W3 R12；

G73 P01 Q02 U0.2 W0.2 F0.1；

N01 G00 X24 Z1 F0.05；

G01 Z-25；

G01 X30；

G01 X45 Z-45；

G01 Z-50.09；

G02 X40 Z-82.735 R25；

G01 Z-91.73；

G03 X37.264 Z-137.177 R36；

G02 X30 Z-148.67 R20；

G01 Z-155；

G01 X44；

G01 X50 Z-158；

G01 Z-170；

N02 G01 X62；

G70 P01 Q02；

G00 Z1；

X20；

G01 X26 Z-2 F0.1；

G00 X100 Z200；

T0202；

G00 X35 Z-25；

G01 X20 F0.025；

G04 P1000；

G01 X35 F0.05；

G00 X100 Z100；

T0303；

G00 X26 Z3；

G76 P040060 Q100 R0.1；

G76 X22.2 Z-23 P830 Q400 R0 F1.5；

G00 X200；

Z200；

T0202；

G00 X62 Z-174；

G01 X-1 F0.025；

G00 X100 Z100；

M05；

M30；

%

【加工任务2】如图1-41所示，试用数控车床FANUC 0i Mate-TC系统编写加工程序并进行加工。

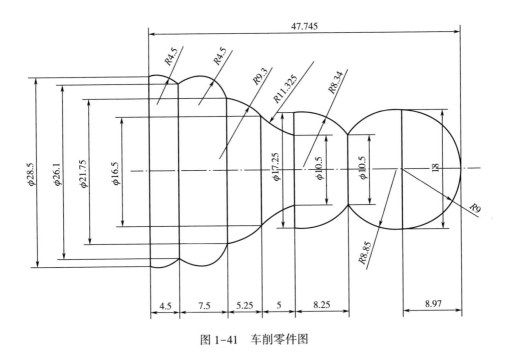

图1-41　车削零件图

1.4.3　零件加工工艺分析

1. 设定工件坐标系

按基准重合原则，将工件坐标系的原点设定在零件右端面与回转轴线的交点位置。

2. 选择刀具

根据零件图的加工要求，需要加工零件圆弧面，共需用三把刀具。

1 号刀：35°外圆左偏刀，安装在 1 号刀位上。

2 号刀：35°外圆右偏刀，安装在 2 号刀位上。

3 号刀：切断刀，宽 4 mm，安装在 3 号刀位上。

3. 加工方案

使用 1 号外圆左偏刀加工零件的端面和零件各段的外表面；然后使用 2 号外圆右偏刀加工零件反向圆弧面；最后使用 3 号切断刀切断工件。

4. 确定切削用量

切削深度：粗加工设定切削深度为 1.5 mm，精加工为 0.2 mm。

主轴转速：加工端面和各段外表面时设定主轴转速为 800 r/min。

进给速度：粗加工、精加工时设定进给速度为 0.1 mm/r。切断工件时设定进给速度为 0.025 mm/r。

1.4.4　编程与操作

1. 编制程序

2. 程序输入数控系统

将程序在数控车床 EDIT 方式下直接输入数控系统，或通过计算机通信接口将程序输入数控机床的数控系统。然后在 CRT 屏幕上模拟切削加工，检验程序的正确性。

3. 手动对刀操作

通过对刀操作设定工件坐标系，记录每把刀的刀尖偏置值，在运行加工程序中，调用刀具的偏置号，实现对刀尖偏置值的补偿。

4. 自动加工操作

选择自动运行方式，按下循环启动按钮，机床即按编写的加工程序对工件进行全自动加工。

```
%
O0002；
M03 S800；
T0101；
G00 X30 Z0；
G73 U10 W1 R5；
G73 P01 Q02 U0.1 W0.1 F0.1；
N01 G00 X0 Z0；
```

G03 X18 W−8.97 R9；

X10.5 W−8.275 R8.85；

X17.25 W−8.25 R8.34；

G01 X16.5 W−5；

G03 X21.75 W−5.25 R9.3；

X26.1 W−7.5 R4.5；

X28.5 W−4.5 R4.5；

N02 G01 X30；

G70 P01 Q02；

G00 X60 Z100；

T0202；

G00 X30 Z−30.495；

G73 U6 W1 R3；

G73 P03 Q04 U0.1 W0.1；

N03 G01 X16.5 Z−30.495；

G03 X10.5 W5 R11.325；

N04 G01 X17.25；

G70 P03 Q04；

G00 X35 Z100；

T0303；

G00 Z−51.745；

G01 X−1 F0.025；

G00 X100 Z100；

M05；

M30；

%

第2章　数控加工中心的自动编程与操作

2.1　加工中心概述

数控机床对零件的加工过程，严格按照加工程序中的坐标与参数执行，与普通机加工相比，数控加工具有以下特点。适应范围广、生产准备周期短；能完成复杂型腔与曲面的加工；加工工序高度集中、加工精度及生产效率高。

数控加工中心是一种最常见的数控加工设备，是带有刀库与自动换刀装置的数控机床。加工中心集数控铣床、数控镗床与数控钻床的功能于一身，零件在完成一次装夹后即可对其加工表面完成铣削、镗削、钻孔、扩孔、铰孔、攻螺纹等多道工序加工，实现了加工的工序集中。由于加工中心能有效地避免多次安装造成的定位误差，所以它适用于产品更换频繁、零件形状复杂、精度要求高、生产批量不大而生产周期短的产品。按照主轴在空间所处的位置，加工中心可分为立式加工中心、卧式加工中心和龙门加工中心等类型。其中，主轴与工作台垂直的称为立式加工中心，主轴与工作台平行的称为卧式加工中心。

随着技术的进步，加工中心从三轴、四轴向五轴加工发展。目前机械加工领域中五轴加工是数控技术中难度最大、技术含量最高的先进加工技术。五轴加工技术是一个国家装备制造业自动化技术水平的主要标志（图2-1~图2-4）。

图2-1　五轴加工中心

图 2-2　五轴加工中心工件与刀具

图 2-3　五轴加工中心加工出的盘类零件

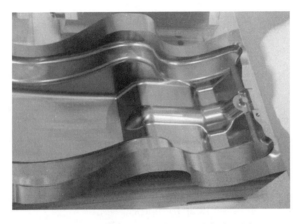

图 2-4　五轴加工中心加工出的复杂型腔

2.1.1　立式加工中心

　　立式加工中心是指机床主轴与工作台垂直设置的加工中心，能够完成铣削、镗削及钻削等工序（图 2-5）。立式加工中心的结构形式多为固定立柱式、工作台为长方形，主要适用于加工板类、盘类、模具及小型壳体类复杂零件。立式加工中心通常有三个直线运动坐标——X、Y、Z 轴，最少是三轴二联动，一般可实现三轴三联动，也可进行五轴、六轴控制。立式加工中心结构简单、占地面积小、价格较低、装夹方便、便于操作与观察加工情况，三个坐标轴与笛卡儿坐标系吻合，刀具运动轨迹易观察，调试程序检查测量方便，可及时发现问题，进行停机处理或修改。立式加工中心加工过程中工件冷却条件易建立，切削液能直接到达刀具和加工表面，切屑易排除和掉落，避免划伤加工过的表面。但受立柱高度及换刀机构的影响，不能加工太高的零件，对箱体类工件加工范围要减少，因此箱体类零件大多采用卧式加工中心加工。

图 2-5　立式加工中心

2.1.2　卧式加工中心

　　卧式加工中心是指机床主轴与工作台平行的加工中心（图 2-6），卧式加工中心通常采用移动式立柱，主轴箱在两立柱之间，沿导轨上下移动（图 2-7）。主要适用于加工具有一个以上孔系，内部有型腔及长、宽、高各方向有一定比例的箱体类零件，也可加工螺旋线类及圆柱凸轮等零件。卧式加工中心通常有三个直线运动坐标，面对机床，左右移动为 X 轴，前后移动为 Z 轴，上下移动为 Y 轴。调试程序和试切削时不方便观察，加工时不便监视，零件装夹和测量不方便，但加工时排销容易。相对于立式加工中心，卧式加工中心结构较复杂，占地面积大，价格较高。

图 2-6　卧式加工中心

图 2-7　卧式加工中心的主轴与工作台

2.1.3　加工中心的主要加工对象

　　数控加工中心作为加工性能强大的数控设备可以合理地选择刀具，精确地选择切削用量，对产品精度有一定的保证。加工中心适用于加工形状复杂、工序多、精度要求高的工件。立式加工中心多用于加工箱体、箱盖、板类零件及平面凸轮的加工。卧式加工中心较立式加工中心应用范围广，适宜复杂的箱体类零件、泵体、阀体等零件的加工。龙门加工中心与龙门铣床类似，可用于大型或形状复杂的工件加工。万能加工中心也称五面加工中心，具有立式和卧式加工中心的功能。

　　①箱体类零件：箱体类零件一般是指具有一个以上孔系，内部有型腔，在长、宽、高方向有一定比例的零件。这类工件一般都要求进行多工位孔系及平面的加工，定位精度要求高，在加工中心上加工时，一次装夹可完成普通机床 60%~95% 的工序内容。

②复杂曲面类零件：复杂曲面采用普通机加工方式是难以甚至无法完成的。复杂曲面一般在加工中心上采用球头铣刀进行三坐标联动加工，加工精度较高，但效率低。如果工件存在加工干涉区或加工盲区，则须采用五轴加工中心，如飞机、汽车外形，叶轮、螺旋桨及各种成型模具等。

③异形类零件：异形零件是指外形不规则的零件，大多需要点、线、面多工位混合加工，如拨叉等。加工异形工件时，形状越复杂，精度要求越高，使用加工中心越能显示其优越性，如手机外壳等。

④盘、套、板类零件：盘、套、板类零件包括带有键槽和径向孔，端面分布有孔系、曲面的盘套或轴类工件，如带法兰的轴套，带键槽或方头的轴类零件等。其还包括具有较多孔加工的板类零件，如各种电机盖等。端面有分布孔系、曲面的盘类零件可选择立式加工中心，有径向孔的可选择卧式加工中心。

⑤周期性投产的零件：用加工中心加工零件时，所需时间主要包括基本时间和准备时间。其中，准备时间占很大比例，如工艺准备编程序、零件首件试切等。这些时间很长，采用加工中心可以将这些时间的内容储存起来，供以后反复使用。这样，以后加工该零件时就可以节约这些时间，生产周期就可以大大缩短。

⑥特殊加工零件：在加工中心上还可以进行特殊加工。如在主轴上安装调频电火花电源，可对金属表面进行表面淬火。

2.1.4 加工中心的结构组成

数控机床是利用数控技术，准确地按照事先编制好的程序，自动加工出所需工件的机电一体化设备。数控机床通常由以下 6 部分组成。

1. 控制面板

控制面板又称为操作面板，是操作人员与加工中心进行信息交互的工具。操作人员可以通过它对加工中心进行操作、编程、调试或对 CNC 参数进行设定和修改，也可以通过它了解或查询加工中心的运行状态。其主要由按钮、状态灯和显示器等组成。

2. CNC 装置

加工中心的自动控制由 CNC 装置和可编程控制器 PLC（programmable logic controller）共同完成。由 CPU 和存储器组成的 CNC 装置是计算机数控系统的核心，它负责完成与数字运算和管理有关的功能，如编辑加工程序、插补运算、译码、位置伺服控制等。其主要作用是根据输入的零件加工程序或操作命令进行相应的处理，然后输出控制命令到相应的执行部件（伺服单元、驱动装置和 PLC 等），完成零件加工。

3. 辅助控制装置

辅助控制装置的主要作用是接收 CNC 装置输出的开关量指令信号，经过编译、逻辑判别和运算，再经功率放大后驱动相应的电机，带动机床的机械、液压、气动等辅助装置完成指令规定的开关动作。这些控制包括主轴运动部件的调速、换向及启停指令，刀具的选择和交换指令，冷却、润滑装置的启停，工件和机床部件的松开、夹紧，分度工作台转位分度等。加工中心是采用可编程控制器 PLC 作为辅助控制装置。

4. 伺服驱动系统

伺服单元和驱动装置合称为伺服驱动系统，它包括主轴伺服驱动装置、主轴电机、进给伺服驱动装置及进给电机。伺服单元是 CNC 装置和机床本体的联系环节，它的作用是把来自 CNC 装置的微弱指令信号解调、转换、放大后通过驱动装置转换成机床工作台的位移运动。驱动装置的作用是将放大后的指令信号转变成机械运动，利用机械传动件驱动工作台移动，使工作台按规定轨迹做严格的相对运动或精确定位，保证能够加工出符合图样要求的零件。对应于伺服单元的驱动装置，有步进电机、直流伺服电机和交流伺服电机等不同种类。

5. 检测与反馈装置

检测与反馈装置有利于提高数控机床加工精度。检测装置将数控机床各坐标轴的实际位移检测出来，经反馈系统输入到数控机床的 CNC 装置中。CNC 装置将反馈回来的实际位移值与设定值进行比较，控制驱动装置按指令设定值运动。

6. 加工中心床身

加工中心床身是实现加工零件的执行部件，主要由主运动部件（主轴、主运动传动机构）、进给运动部件（工作台、拖板及相应的传动机构）、支承件（床身、立柱等）以及辅助装置等组成。与传统普通机床相比，数控机床在整体布局、外部造型、主传动系统、进给传动系统、刀具系统、支撑系统和排屑系统等方面有着很大的差异。这些差异是为了更好地满足现代数控技术的要求，并充分适应数控加工的特点。

2.1.5　加工中心的常用 CNC 控制系统

常用的加工中心 CNC 数控系统有发那科系统、西门子数据系统、华中数控系统、广州数控系统等。

1. 发那科（FANUC）系统

FANUC 系统是日本富士通公司的产品，通常其中文译名为发那科（图 2-8）。FANUC 系统进入中国市场有非常悠久的历史，有多种型号的产品在使用，使用较为广泛的产品有 FANUC 0、FANUC 16、FANUC 18、FANUC 21 等。在这些型号中，使用最为广泛的是 FANUC 0 系列。

系统在设计中大量采用模块化结构。这种结构易于拆装、各个控制板高度集成，使可靠性有很大提高，而且便于维修、更换。FANUC 系统设计了比较健全的自我保护电路。

PMC 信号和 PMC 功能指令极为丰富，便于工具机厂商编制 PMC 控制程序，而且增加了编程的灵活性。系统提供串行 RS232C 接口，以太网接口，能够完成 PC 和机床之间的数据传输。

FANUC 系统性能稳定，操作界面友好，系统各系列总体结构非常类似，具有基本统一的操作界面。FANUC 系统可以在较为宽泛的环境中使用，对于电压、温度等外界条件的要求不是特别高，因此适应性很强。

FANUC 系统拥有广泛的客户群，常见的 FANUC 0 系列具有以下特点：

①刚性攻丝：主轴控制回路为位置闭环控制，主轴电机的旋转与攻丝轴（Z轴）进给完全同步，从而实现高速高精度攻丝。

②复合加工循环：复合加工循环可用简单指令生成一系列的切削路径。比如定义了工件的最终轮廓，可以自动生成多次粗车的刀具路径，简化了车床编程。

③圆柱插补：适用于切削圆柱上的槽，能够按照圆柱表面的展开图进行编程。

④直接尺寸编程：可直接指定诸如直线的倾角、倒角值、转角半径值等尺寸，这些尺寸在零件图上指定，这样能简化部件加工程序的编程。

⑤记忆型螺距误差补偿：可对丝杠螺距误差等机械系统中的误差进行补偿，补偿数据以参数的形式存储在 CNC 的存储器中。

⑥CNC 内置 PMC 编程功能：通过 CNC 内置 PLC——PMC 对机床和外部设备进行程序控制（图 2-9）。

2. 西门子（SINUMERIK）数控系统

西门子（SINUMERIK）数控系统是德国西门子公司的产品，其构成只需很少的部件，具有高度的模块化、开放性以及规范化的结构，适于操作、编程和监控。主要包括：控制及显示单元、PLC 输入/输出单元（PP）、PROFIBUS 总线单元、伺服驱动单元、伺服电机等部分。

加工中心用的主要数控系统有以下3 种。

（1）SINUMERIK 808 系统

SINUMERIK 808D ADVANCED 数控系统

图 2-8　FANUC 0i-MF CNC 数控系统

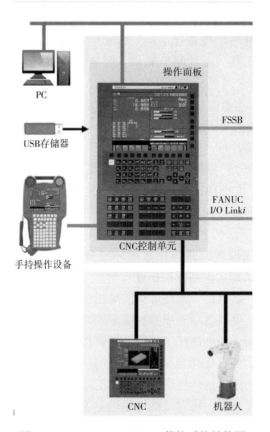

图 2-9　FANUC 0i-MF CNC 数控系统结构图

是一种基于面板的基本性能范围数控系统。这种紧凑和用户友好的入门级解决方案适用于普通车铣应用。其操作简单，易于调试和维护，同时具有最优成本，是用于配备入门级数控机床的理想数控系统。SINUMERIK 808D ADVANCED 是一种针对特定工艺预先配置的数控系统，适用于车铣加工。其应用范围从基本铣床或简易加工中心、循环控制车床，一直延伸至功能全面的基本型数控车床。基于其硬件和软件扩展功能，SINUMERIK 808D ADVANCED 在模具加工和刀具制造行业展现出充沛的铣削性能。

（2）SINUMERIK 828 系统

SINUMERIK 828 数控系统凭借其独一无二的性能，树立了其在标准车铣机床的生产力标杆，以及针对自动化磨床功能应用的广泛支持。基于面板的紧凑型数控系统 SINUMERIK 828D BASIC、SINUMERIK 828D 和 SINUMERIK 828D ADVANCED 是满足价格敏感市场要求的解决方案。SINUMERIK 828 数控系统包含针对不同工艺的相关系统软件，其应用范围从立式和基本卧式加工中心（包括模具加工应用）、平面和外圆磨床，一直延伸至带有副主轴、动力刀和 Y 轴的双通道车削中心。坚固的硬件架构和智能控制算法与高级驱动与电机技术相结合，可确保加工时的最高动态响应和精度（图 2-10，图 2-11）。

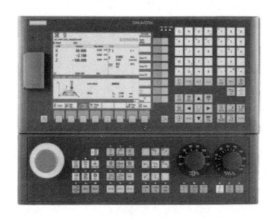

图 2-10　SINUMERIK 808 CNC 数控系统　　　图 2-11　SINUMERIK 828 CNC 数控系统

（3）SINUMERIK 840 系统

SINUMERIK 840D sl 属于高端数控系统，除了具有极高数控性能外，还具有高灵活性和开放性，适用于几乎所有机床方案。高性能的硬件架构、智能控制算法以及高级驱动和电机技术确保了极高动态性能和加工精度。其基于驱动器的高性能 NCU（数控单元）采用最新的多核处理器技术，通过 NCU 链路，可以控制 30 个机床通道中的最多 93 个轴。SINUMERIK 840D sl 的优势之一是能够在极限条件下进行铣削和车削，并且还能够满足几乎所有工艺要求：从磨削、激光加工、齿轮加工直至多任务加工等（图 2-12）。

图 2-12　SINUMERIK 840 CNC 数控系统

3. 华中数控（HNC）系统

武汉华中数控股份有限公司创立于 1994 年，有 9 项产品被评为国家级重点新产品，华中数控系统被列入首批自主创新产品目录。加工中心用主要数控系统有以下 3 种。

（1）HNC-808Di/M 系统

HNC-808Di/M 系列铣床、加工中心数控系统是基于成熟的华中 8 型数控系统平台开发的总线式数控装置，产品稳定可靠；采用全铝合金外框，造型简洁大方；硬件平台升级，整体硬件性能提升 50%；采用新平台软件，定制化的软件开发更加简便快捷；MCP 面板分体式结构，模块化设计，可支持客制化；10.4 寸高亮液晶显示屏；支持 NCUC、EtherCAT 两种总线。其最大控制轴数：4 个进给轴加 2 个伺服主轴；最大联动轴数：4 轴（直线插补），2 轴（圆弧插补）；PLC 控制轴数：1 轴（支持伺服刀架）（图 2-13）。

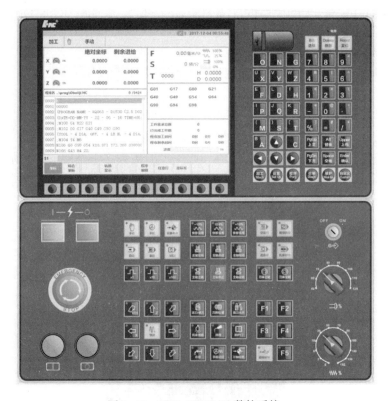

图 2-13　HNC-808Di/M 数控系统

（2）HNC-818Di/M 系统

HNC-818DM 系列铣床、加工中心数控系统是基于成熟的华中 8 型数控系统平台，为总线式数控装置，产品稳定可靠，属 8 型系列数控装置的中高端产品。其采用全铝合金外框，造型简洁大方，挂件式安装方式；硬件平台升级，标配 8G 固态盘，整体硬件性能提升 50%；MCP 面板分体式结构，模块化设计，采用组合式水晶按键，可支持客制化；屏显示器有 12.1 寸和 17 寸两种规格可供选择，可选配触摸屏；支持 USB、以太网等程序扩展和数据交换功能；支持 NCUC 和 EtherCAT 两种总线协议。其支持多种安装方式，与机床外观更加融合。全新设计的 IPC 单元，更薄、更小，功耗更低，运算速率更高，是适合中高档加工中心的数控系统。其最大控制轴数：5 个进给轴加 4 个伺服主轴；最大联动轴数：3 轴（直线插补），2 轴（圆弧插补）；PLC 控制轴数：3 轴（支持伺服刀架）（图 2-14）。

图 2-14　HNC-818Di/M
数控系统

（3）HNC-848Di 五轴数控系统

HNC-848Di 五轴数控系统是适用于高档加工中心的五轴全数字总线式高档数控装置，支持自主开发的 NCUC 总线协议及 EtherCAT 总线协议，支持总线式全数字伺服驱动单元和绝对式伺服电机、支持总线式远程 I/O 单元，集成手持单元接口。系统采用双 IPC 单元的上下位机结构，具有高速高精加工控制、五轴联动控制、多轴多通道控制、双轴同步控制及误差补偿等高档数控系统功能，友好人性化 HMI，独特的智能 APP 平台，面向数字化车间网络通信能力，将人、机床、设备紧密结合在一起，最大程度地提高生产效率，缩短制造准备时间。系统提供五轴加工、车铣复合加工完整解决方案，适用于航空航天、能源装备、汽车制造、船舶制造、3C（计算机、通讯、消费电子）领域。其同时运动轴数 80、通道数 10、通道最大联动轴数 9、最多进给轴数 64、通道最多主轴数 4、PMC 控制轴数 32（图 2-15）。

4. 广州数控（GSK）系统

广州数控设备有限公司（GSK）成立于 1991 年，被誉为中国南方数控产业基地。加工中心用主要数控系统有以下 2 种。

（1）GSK 25i 系列数控系统

GSK 25i 是融合当今数控领域前沿技术，通过不断创新、持续改进研制的新一代高性能、高可靠

图 2-15　HNC-848Di
五轴数控系统

性 CNC 系统；产品功能强大、操作方便、适用范围广泛。GSK 25i 系列数控系统采用新一代 CNC 控制器、更快的数据处理速度、更高的系统稳定性、更强的控制功能，是多轴联动、总线控制、高速高精、绝对式编码器（图 2-16）。

图 2-16　GSK 25i 系列数控系统

（2）GSK 988MA 系列数控系统

GSK 988MA 系列数控系统为铣削加工中心数控系统，基于双核硬件架构，支持自主知识产权的 GSK-Link 工业以太网总线与伺服驱动单元及 IO 单元相连，也支持 EtherCAT 总线，适配标准 CoE 接口伺服和 IO 单元。其支持速度前瞻（look-a-head）技术、高次样条拟合技术，支持铣车复合加工，支持蓝图编程功能、编程引导功能，支持完善的工艺帮助，支持远程监控等，能满足加工中心应用及模具加工应用要求（图 2-17）。

图 2-17　GSK 988MA 系列加工中心数控系统

2.2　加工中心基本操作

2.2.1　开机

加工中心的开机过程包括机床上电与数控系统上电，图 2-18（a）所示为机床总电源开关，图 2-18（b）所示为数控系统电源开关按钮，图 2-19 所示为 FANUC 0i-MD 数控系统开机后的自检。

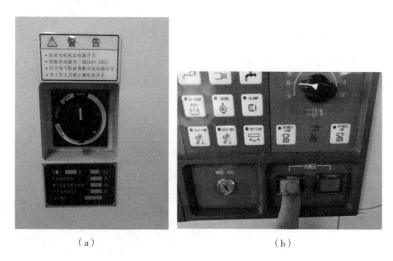

（a）　　　　　　　　　　　　　　（b）

图 2-18　数控加工中心电源开关

图 2-19　FANUC　0i-MD 数控系统的开机自检

2.2.2 工件的装夹

平口钳装夹的注意事项（图2-20，图2-21）：

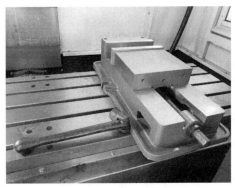

图2-20 立式数控加工中心用平口钳

①工件的被加工表面必须高于平口钳的钳口，如果加工表面低于或接近于钳口，则须用垫铁垫高工件。

②为使得装夹牢固，防止工件在加工时松动，必须将干整的已加工平面贴紧在垫铁和钳口上。要使工件贴紧在垫铁上，应该一面夹紧，一面用手锤轻击工件的子面，

图2-21 工件采用平口钳装夹

光洁的平面要用铜棒进行敲击以防止敲伤光洁表面。

③使用垫铁夹紧工件时，要用木锤或铜手锤轻击工件的上表面，使工件贴紧垫铁。夹紧后，要用手抽动垫铁，如有松动，说明工件与垫铁贴合不好。

④装夹薄壁件与刚性较差的工件时，为了防止工件被夹紧变形，应先对工件的薄弱部分进行支撑或变换夹紧点。

2.2.3 工件坐标系建立

数控机床的标准坐标系采用右手直角坐标系，也叫笛卡尔坐标系。基本坐标为X、Y、Z直角坐标，对应每个坐标轴的旋转运动符号为A、B、C。坐标轴的命名方

法是将右手的拇指、食指和中指相互垂直，其三个手指所指的方向分别为 X 轴、Y 轴和 Z 轴的正方向。

加工中心拥有机床坐标系外与工件坐标系，机床坐标系的零点是机床原点，它位于加工中心的左上角。是工件坐标系、机床参考点的基准点，也是建立其他坐标系的基准，不同机床的机床原点位置也不相同。机床坐标系是机床上固有的坐标系，它是制造、调整机床的基础，也是建立工件坐标系的基础。用于确定被加工零件在机床中的坐标、机床运动部件的位置（如换刀点、参考点）以及运动范围（如行程范围、保护区）等。机床坐标系在出厂前已经确定，一般情况下，不允许用户进行变动。

坐标系是零件进行造型设计与加工的基础，如采用机床坐标系进行零件的数控编程则非常不方便，因此选择工件上的某点为坐标原点进行编程。这个用于编程加工的坐标系称为工件坐标系，工件坐标系是为了方便编程而在零件图纸上设定的直角坐标系，它的各个坐标轴均平行于机床坐标系的坐标轴，只是原点不同。在进行加工时，通过一些特定的方法测量出工件坐标系原点在机床坐标系里的坐标值，并将这个值输入到数控系统中，就建立起了工件坐标系与机床坐标系之间的关系。工件坐标系一旦建立便一直有效，直到被新的工件坐标系所取代。FANUC 0i-MD 数控系统拥有 G54~G59 共六个工件坐标系。

加工时，工件随夹具安装在机床上后，测量工件原点与机床原点间的距离，可得到工件原点偏置值。该值在加工前需输入到数控系统，加工时工件原点偏置值便能自动加到工件坐标系上，使数控系统按机床坐标系确定的工件坐标值进行加工。加工中心工件坐标系的基准选择应遵循以下原则。

①应按照基准重合原则使工件的设计基准与加工基准重合。

②应尽量使一次装夹能够完成工件全部关键精度部位的加工。

③当工件加工基准无法与设计基准重合时，工件坐标系的原点应选择容易找正、测量且方便手工编程尺寸计算的位置。

④当工件加工基准无法与设计基准重合时，应通过工艺尺寸链的中间计算形式计算工序尺寸，确保加工精度。

测量工件原点与机床原点间距离采用的装置为寻边器。寻边器主要用于确定工件坐标系原点在机床坐标系中的 X、Y 值，也可以测量工件的简单尺寸。寻边器有偏心式和光电式等类型，其中偏心式较为常见。图 2-22 所示为加工中心所用的偏心式寻边器，其直径为 $\Phi 10$。

使用偏心式寻边器的方法是：

①将 $\Phi 10$ 寻边器的直柄安装于切削夹头内。

②用手指轻压寻边器测头，使其与轴线偏心。

③使寻边器以约 500 r/min 的转速旋转起来。

④使用图 2-23 所示手轮，将旋转的寻边器缓慢地与工件端面接触，当寻边器测头由偏心状态变为同心状态时，机床主轴中心距被测表面的 X 或 Y 值距离为寻边器的半径值。

图 2-22　加工中心所用偏心式寻边器　　　　图 2-23　加工中心手轮

例 1. 将图 2-24（a）所示工件的 G54 工件坐标系中的 X、Y 坐标原点分别设定于工作左端及前端 55 mm 处，将高度补偿的原点设定于工件上表面上。

步骤 1：缓慢摇动手轮将寻边器与工件左侧端面接触，如图 2-24 所示，当寻边器测头由偏心变为同心时，在 G54 坐标系中输入数值 X60 并点击测量按钮。

（a）

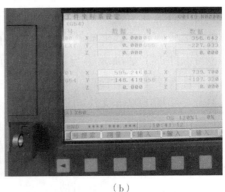

（b）

图 2-24　工件坐标系 X 轴原点测定

步骤 2：缓慢摇动手轮将寻边器与工件前侧端面接触，如图 2-25 所示，当寻边器测头由偏心变为同心时，在 G54 坐标系中输入数值 Y60 并点击测量按钮。

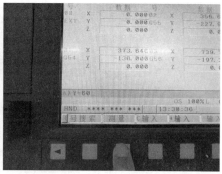

图 2-25　工件坐标系 Y 轴原点测定

步骤 3：对于图 2-26 所示直径为 Φ10 的球头铣刀，在设定其高度补偿值 H 之前，先将一张纸片粘贴于工件上表面。缓慢摇动手轮使球头铣刀落于工件上表面，当纸片移动时，此时的 Z 轴读数即为其高度补偿值。如图 2-27（a）所示，将其数值输入 3 号刀所对应的 H 值。如图 2-27（b）所示，将其半径值 5 输入 3 号刀所对应的 D 值。

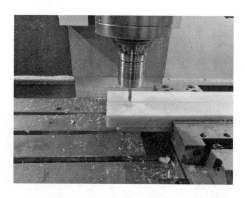

图 2-26　球头铣刀高度补偿值测定

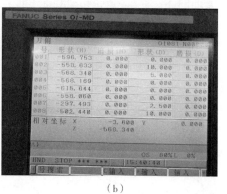

（a）　　　　　　　　　　（b）

图 2-27　刀具高度补偿值与半径值设定

例 2. 将图 2-28 所示回转体工件的 G54 工件坐标系中的 X、Y 坐标原点设定于该工件圆心处，将高度补偿的原点设定于工件上表面上。

图 2-28　中心钻高度补偿值测定

步骤 1：缓慢摇动手轮将中心钻与工件圆心端面接触，当中心钻与工件上表面的圆心接触时，如图 2-29 及图 2-30 所示，在 G54 坐标系中输入数值 X0、Y0 并点击测量按钮。

步骤 2：如图 2-31 所示，将此时的 Z 轴读数输入 3 号刀所对应的 H 值。

步骤 3：对于图 2-26 所示直径为 Φ10 的球头铣刀，在设定其高度补偿值 H 之前，先将一张纸片粘贴

于工件上表面。缓慢摇动手轮使球头铣刀落于工件上表面，当纸片移动时，此时的 Z 轴读数即为其高度补偿值。如图 2-27（a）所示，将其数值输入刀号所对应的 H 值。如图 2-27（b）所示，将其半径值 5 输入刀号所对应的 D 值。

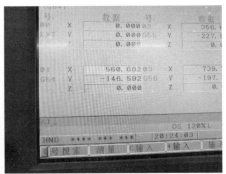

图 2-29　回转体工件坐标系 X 轴原点测定

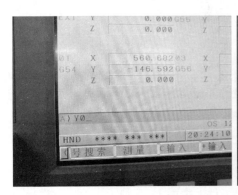

图 2-30　回转体工件坐标系 Y 轴原点测定

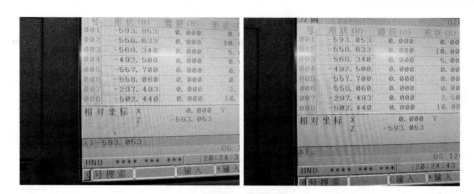

图 2-31　中心钻高度补偿值测定

2.2.4　加工程序的传输与调用

加工中心 CNC 系统与安装了 CAD/CAM 软件的 PC 机之间的数据传输是加工的重要组成部分，一般以 U 盘或 CF 卡作为存储介质（图 2-34）。加工中心的 CNC 数控系统可将 U 盘中的加工文件输入 CNC 内存中，并完成加工。加工文件的存储格式为 *.txt，其文件名为大写字母 O+4 位阿拉伯数字，例如 O4510.txt。以加工程序 O4510.txt 为例，将其由 U 盘输入 CNC 内存的方法如下：

步骤 1：在 EDIT（编辑）状态下点击 PROGRAM 按键，屏幕显示由程序界面切换为如图 2-32 所示 CNC-MEM 存储文件列表。点击扩展键后再点击设备按键选择输入设备，如图 2-33 所示将 U 盘插入面板左侧插槽中。

图 2-32　CNC-MEM 存储文件列表

图 2-33　选择输入文件的设备

步骤 2：如图 2-34 所示选择 U 盘为传输设备。图 2-35 所示为 U 盘存储文件列表，如图 2-36 所示，点击屏幕下方 F 输入键后，输入程序名 O4510.txt 后点击 F 名称键。完成 F 设定后如图 2-37 所示，再次输入 4510 后点击 O 设定键，完成 O 设定后点击执行键最终完成 O4510.txt 文件由 U 盘向 CNC 内存的输入。

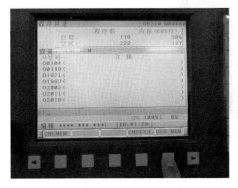
图 2-34　选择 U 盘为传输设备

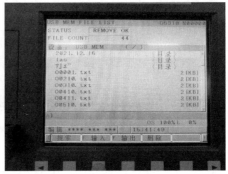
图 2-35　U 盘存储文件列表

图 2-36　写入 F 名称完成 F 设定

图 2-37　点击执行按钮完成 U 盘文件输入

2.2.5　加工程序自动运行

完成加工程序的输入与编辑后，就可以执行程序完成工件的加工。

步骤 1：如图 2-38 所示，在 EDIT（编辑）状态下对加工程序进行最后的检查，无误后如图 2-39 所示点击 AUTO（自动）按键。

步骤 2：在自动状态下按左侧最下方绿色执行按钮，如图 2-40 所示，执行按钮绿灯亮起表示加工程序进入自动执行状态，直至程序执行完毕绿灯熄灭。

步骤 3：在加工程序自动执行状态，点击图形按键，如图 2-41 所示监控程序运行中的刀路轨迹与加工深度信息。

图 2-38　EDIT（编辑）状态下对
加工程序进行检查

图 2-39　点击进入 AUTO（自动）状态

图 2-40　按开始按钮使加工程序自动运行

图 2-41　点击图形按钮监控刀路运行轨迹

2.3　加工中心编程基础

数控编程是数控加工的前提与基础，加工中心数控编程是指根据零件的图形尺寸、工艺过程、工艺参数等确定加工中心工作台的运动、换刀以及刀具位移等内容，按照编程格式和 CNC 数控系统能够识别的语言编写加工程序的全过程，又叫作加工程序编制（图 2-42）。

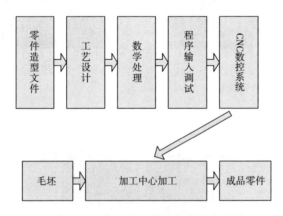

图 2-42　加工中心编程与加工步骤

按照编程方式区分，加工中心编程分为手工编程与自动编程两大类：

①加工中心手工编程是指编制零件加工程序的过程主要由人工完成。

②加工中心自动编程是指编程过程主要由计算机辅助完成，故自动编程又称计算机辅助编程。

1. 手工编程的适用范围

①加工程序简单。

②几何形状不太复杂的零件。

③加工程序不长的零件。

④编程过程中所需计算比较简单的零件。

2. 自动编程的适用范围

①形状复杂的零件，特别是具有非圆曲线表面的零件。

②零件几何元素虽不复杂，但加工程序太长的零件。

③在不具备刀具半径自动补偿功能的机床上进行轮廓铣削时，编程要按刀具中心轨迹进行。如果采用手工编程，计算相当繁琐，程序量大、浪费时间、出错率高，有时甚至不能编出加工程序，此时必须采用自动编程的方法来编制零件的加工程序。

④两轴以上数控机床的加工程序编制。

2.3.1　几何建模技术

几何建模技术（geometric modeling）是以几何信息和拓扑信息反映结构体的形状、位置、表现形式（如线条类型等）等数据 。几何信息是指一个物体在三维欧氏空间中的位置信息，是对物体在欧式空间中形状、尺寸及位置的描述。几何信息包括点、线、面、体的信息，它们反映物体的大小及位置，例如顶点的坐标值、曲面数学表达式中的具体系数等。通常用空间直角坐标系表示各种几何信息。只用几何信息表示物体常会出现物体表示的二义性。拓扑信息是指构成物体的各个分量（顶点 Vertex、边 Edge 和表面 Face）的个数、类型以及它们之间关系的信息。拓扑是研究在形变状态下图形空间性质保持不变的一个数学分支，着重研究图形内的相对位置关系。

1. 二维线框模型

线框建模是 CAD/CAM 发展过程中应用最早、也是最简单的一种建模方法。线框建模是利用基本线素来定义设计目标的棱线部分而构成的立体框架图。用这种方法生成的实体模型是由一系列的直线、圆弧、点及自由曲线组成，描述的是产品的轮廓外形。在计算机内部生成三维映像，还可以实现视图变换及空间尺寸的协调。线框建模的数据结构是链表结构，表中存贮的是几何模型的顶点及棱线信息其几何信息与拓扑信息被存储在顶点表及边表中，表中记录了各顶点的编号、顶点坐标、边的序号、边上各端点的编号等。

线框模型是二维工程图的延伸，它是计算机图形学和 CAD 系统中最早用于表示形体的建模方法，线框模型分为二维线框模型与三维线框模型。

二维线框模型是以二维平面的基本图形元素（点、直线、圆弧）为基础表达二维图形，其在 CAD/CAM 系统内是以边表和点表来描述和表达的。

2. 实体模型

由于线框模型及表面模型对三维实体的描述存在着很多不足，因此需要一种更加准确完善的建模方法。实体建模是自 20 世纪 80 年代以来发展起来的一种建模方法，目前已成为 CAD/CAM 系统采用的主要三维建模方法。实体模型是对表面模型的改进，其几何信息与拓扑信息同样由顶点表、边表及面表描述，但对拓扑关系的描述更加细化、更加严格。实体模型的建模方法是将立方体、圆柱体、球体、椎体等各种基本体素，经过布尔运算后生成三维物体的实体模型。

布尔运算是实体建模过程中的重要一环，两个或两个以上的体素通过集合运算得到的一个新的实体，这种运算称为布尔运算。布尔运算的集合算子为：并、交、差。其具体作用为：

布尔并 $A \cup B$ 　　　　得到 A 与 B 的并集。

布尔交 $A \cap B$ 　　　　得到 A 与 B 的交集。

布尔差 $A - B$ 　　　　从 A 中减去 A 与 B 的交集。

为了保证通过布尔运算得到的实体模型的正确性，要求进行布尔运算的体素为正则形体。正则形体具有下述特性。

①刚性：一个正则形体必须占有一个有效空间。

②维数的均匀性：正则形体的各部分均是三维的，不可有悬点、悬边和悬面。

③有界性：一个正则形体必须占有一个有效空间。

④边界的确定性：根据一个正则形体的边界可以区别出实体的内部和外部。

⑤可运算性：一个正则形体经过任意序列的正则运算后，仍为正则形体。

一个复杂三维形体的实体模型，是由一组体素经多次布尔运算后得到的，且其最终结果与布尔运算的次序相关。图 2-43 所示为一个复杂三维零件实体模型生成过程中的布尔运算次序，图中左侧的实体操作管理窗口内显示了参与布尔运算的诸多体素及布尔运算的次序。体素为多个挤压实体，布尔运算为布尔并与布尔差运算。

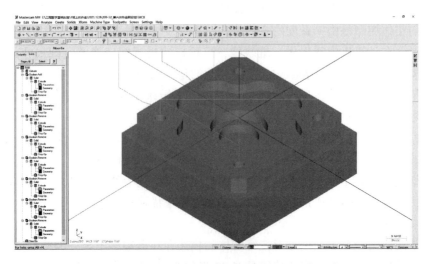

图 2-43　复杂三维实体生成过程中布尔运算次序

3. 实体模型的特点

线框模型和表面模型在完整、准确地表达实体信息方面各有其局限性，实体模型解决了线框模型存在二义性以及表面模型无体信息的缺点，可用于复杂三维实体真实感图形的生成及物体间的干涉检查，具有一系列的优点，目前已是 CAD/CAM 系统中主要的建模方法。在产品设计、计算机辅助工程分析、计算机辅助工艺设计和计算机辅助制造等各环节所需要的产品信息均可从实体模型中获得。

2.3.2　常用 G 指令与 M 指令

1. 常用 G 指令

（1）运动方式指令

运动方式指令包括 G00、G01、G02、G03 指令：

①G00 指令：快速定位指令；G00 指令的功能是要求刀具以点位控制方式从刀具所在位置以允许的最高速度移动到指定位置，G00 为模态指令。G00 程序段的点位运动速度和运动轨迹由数控机床生产厂家确定，进给速度 F 功能字对 G00 程序段无效。

格式：G0G54G90X10Y10。

②G01 指令：直线插补指令；其功能是指令刀具相对于工件沿直线插补程序计算出来的直线轨迹，以程序段 F 指令给出的进给速度，由某坐标点移动到另一坐标点。在执行 G01 的程序段中或在前面的程序段中必须写入 F 指令。G01 及 F 指令均属模态指令。

格式：G1X100Y100Z100 F10。

③G02、G03 指令：圆弧插补指令；G02 和 G03 分别为顺时针圆弧插补指令及逆时针圆弧插补指令。在圆弧插补中，沿垂直于圆弧所在平面的坐标轴由正方向向负方向看，刀具相对于工件的加工方向是顺时针方向为 G02，逆时针方向为 G03。

格式：G02X10Y10R100；G03X10Y10R100。

（2）刀具半径补偿指令

在轮廓加工中，由于刀具具有一定的半径，所以在加工时不允许刀具中心轨迹与被加工工件的轮廓相重合，而需要与被加工轮廓偏置一个刀具半径值 R 的距离，只有这样才能加工出与图纸上一致的零件轮廓。

刀具补偿指令包括：G40、G41、G42、G43 指令：

①G41 指令：半径补偿，简称左刀补；沿刀具运动方向看（假设工件不动），刀具位于零件左侧时的刀具半径补偿。

②G42 指令：右偏刀具半径补偿，简称右刀补；沿刀具运动方向看（假设工件不动），刀具位于零件右侧时的刀具半径补偿。

③G40 指令：刀具补偿/刀具偏置注销；使用 G40 指令时程序段消去偏置值，使刀位点与编程轨迹重合。

使用 G41 或 G42 指令时，需事先在系统中输入刀具半径补偿值 D。用 D 代表内存刀补表的地址，刀具半径补偿值预先输入相应的刀具半径补偿中。刀具半径补偿的程序格式：刀补建立、刀补进行和刀补撤销。D __ 代表偏置寄存器的地址，需填入当前使用的刀号。刀具半径补偿值是预先输入到内存中的。例如 1 号刀的半径值是 10 mm，则先把 1 输入到偏置寄存器 D1 位置中，使用时用地址 D _ 1 _ 调用。在刀补建立和刀补撤销时只能用 G00 或 G01，不能用 G02 或 G03；在刀补进行时，G00、G01、G02、G03 都可使用。

G40 的作用是取消刀具半径补偿，使刀具中心的运动轨迹与编程轨迹重合。由上述格式中可看出：半径补偿刀补建立和撤销时只能用 G00 或 G01 指令，不能用 G02 或 G03 指令，在刀补进行时，G00、G01、G02、G03 指令均可使用。

（3）刀具长度补偿指令

刀具长度补偿指令一般用于刀具轴向 Z 轴方向的补偿。它可使刀具在 Z 轴方向上的实际位移量大于或小于程序给定值。即：实际位移量=程序给定值±补偿值。

刀具长度补偿指令包括：G43、G40 指令：

①G43 指令：刀具长度正补偿；编程人员可按假定的刀具长度进行编程。在加工过程中，若刀具长度发生了变化或自动更换刀具，则不需要变更程序，只要把实际刀具长度与假定值之差预先输至相应 H 存储器的刀具长度补偿表中即可。

格式：G1G43H1Z100 F10。

②G40 指令：解除补偿指令。

（4）固定循环指令

固定循环指令用于一些典型的加工程序，如钻孔、镗孔、攻螺纹等。将这些典型的动作编制成一连串的顺序程序，用一个 G 代码来表示，预先存放在存储器中。用固定循环指令可大大简化编程。

固定循环指令包括：G80、G81、G82、G83、G84、G85、G87、G88 指令。

在 FANUC 系统中，固定循环加工指令为 G81~G88 指令，撤消固定循环加工为 G80 指令。

①G81 指令：钻孔循环。

②G82 指令：钻孔、扩孔循环。

③G83 指令：钻深孔循环。

④G84 指令：攻螺纹循环。

⑤G85 指令：镗孔循环。

⑥G86 指令：镗孔循环（在底部主轴停）。

⑦G87 指令：反镗循环（在底部主轴停）。

⑧G88 指令：镗孔循环（有暂停、主轴停）。

⑨G89 指令：镗孔循环（有暂停、进给返回）。

⑩G80 指令：解除固定循环指令。

固定循环指令格式：以 G81 指令为例：

$$G81X \_ Y \_ Z \_ R \_ F \_$$

其中 X _ Y _ 为钻孔中心位置的坐标值；Z 为钻孔深度；R 为参考点位置：所谓参考点是指刀具由初始位置快速接近加工表面的距离；F 表示进给速度。

2. 常用 M 指令

（1）程序停止指令

M00 指令：暂停。

在完成编有 M00 指令程序段的其他指令后，主轴停止、进给停止、冷却液关断、程序停止执行。按启动按钮后程序接着执行。

加工中需停机检查、测量零件或手工换刀和交接班等，可使用 M00 指令。

（2）计划停止指令

M01 指令：受控暂停。

M01 与 M00 的功能相似，两者的不同之处是 M01 指令只有控制面板上的"选择停开关"处于接通状态时才起作用。

（3）主轴控制指令

主轴控制指令包括 M03、M04、M05 指令。

①M03 指令：主轴顺时针方向转动指令。

②M04 指令：主轴逆时针方向转动指令。

③M05 指令：主轴停止转动指令。

（4）换刀指令

M06 指令：手动或自动换刀指令；也可自动关闭冷却液和停主轴。

（5）冷却液控制指令

冷却液控制指令包括 M07、M08、M09 指令。

①M07 指令：2 号冷却液打开指令；用于雾状冷却液开。

②M08 指令：1 号冷却液开；用于液状冷却液开。

③M09 指令：冷却液关。

（6）夹紧、松开指令

夹紧松开指令包括 M10、M11 指令。

①M10 指令：夹紧指令；机床滑座、工件、夹具、主轴等的夹紧。

②M11 指令：松开指令；机床滑座、工件、夹具、主轴等的松开。

（7）主轴及冷却液控制指令

主轴及冷却液控制指令包括 M13、M14 指令。

①M13 指令：主轴顺时针方向转动并冷却液开。

②M14 指令：主轴逆时针方向转动并冷却液开。

（8）程序结束指令

程序结束指令包括 M02、M30 指令。

①M02 指令：完成工件加工程序段的所有指令后，使主轴、进给和冷却液停止。

②M30 指令：完成工件加工程序段的所有指令后，使主轴、进给和冷却液停止并将加工程序返回初始状态。

2.4 加工中心编程实例

例 1. 根据图 2-44 零件图纸，在 MasterCAM 系统中生成该零件的实体造型，并根据该实体造型生成加工代码。要求：打孔加工时需采用钻深孔循环指令 G83。

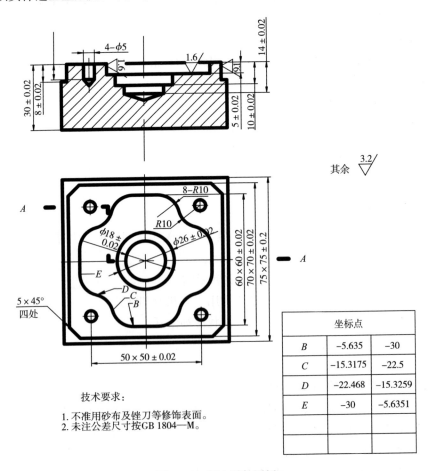

图 2-44 例 1 零件图纸

零件加工工艺分析：本零件的毛坯为铣床或加工中心粗加工得到，需要在 MasterCAM 系统中生成钻孔、外形铣削及内型腔加工程序。

从图纸分析可知，零件四个小孔的直径为 $\phi5$ mm，因此其钻孔钻头直径为 $\phi5$ mm。中间大孔直径为 $\phi18$ mm，因此其钻孔钻头直径为 $\phi16$ mm。内型腔加工所用铣刀的直径需小于 $\phi16$ mm，因此选用 $\phi14$ mm 平头铣刀加工外形及内型腔。

选定的刀具清单：

①钻头 $\phi5$ mm　　　　　1 把，刀号 T1。

②钻头 $\phi16$ mm　　　　　1 把，刀号 T2。

③平头铣刀 $\phi14$ mm　　　1 把，刀号 T3。

步骤 1：二维线框模型绘制

①按照图纸坐标绘制 B、C、D、E 坐标点，并绘制其 1、2、4 象限的镜像点如图 2-45 所示。

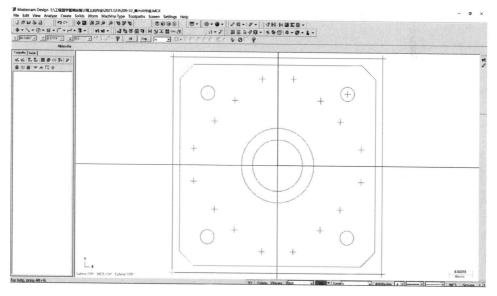

图 2-45　B、C、D、E 及其镜像点的绘制

②根据坐标点完成圆弧与直线段的绘制，如图 2-46~图 2-56 所示。

步骤 2：三维实体模型生成。

①挤压实体生成，如图 2-57~图 2-72 所示。

②布尔运算与零件三维实体模型生成，如图 2-73~图 2-77 所示。

步骤 3：刀路轨迹设计与加工程序生成。

①钻孔加工，如图 2-78~图 2-84 所示。

②外形铣削加工，如图 2-85~图 2-91 所示。

③提取加工 G 代码程序与加工中心刀路运行轨迹分析，如图 2-92，图 2-93
所示。

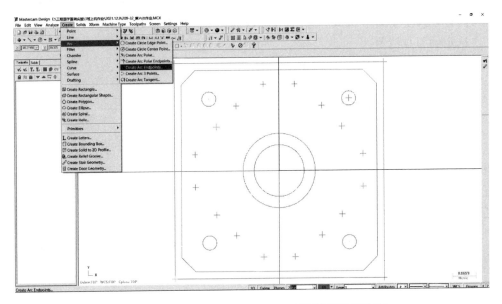

图 2-46　选取 Create Arc Endpoints（绘制两端点圆弧）

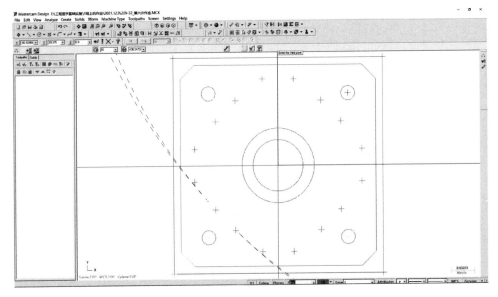

图 2-47　选取圆弧两端点并给出圆弧半径

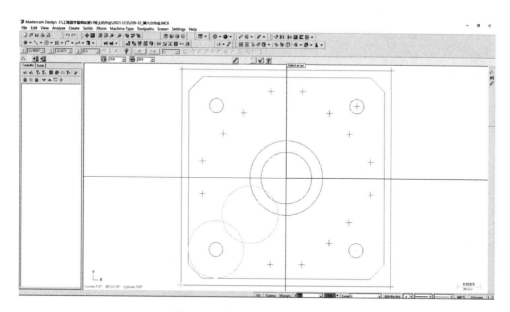

图 2-48　点取需要保留的圆弧线

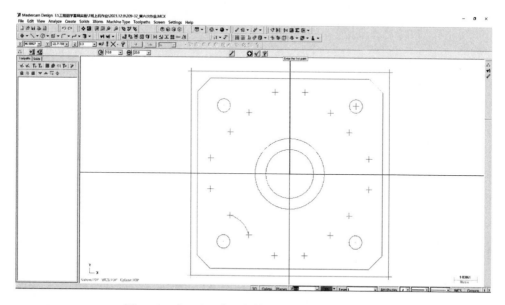

图 2-49　由 *C*、*D* 点坐标值及半径 *R*10 绘制的圆弧

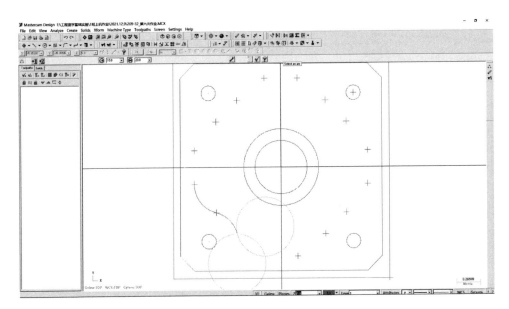

图 2-50 点取需要保留的圆弧线

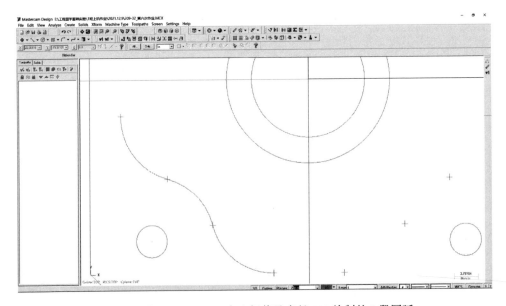

图 2-51 由 B、C、D、E 点坐标值及半径 $R10$ 绘制的 3 段圆弧

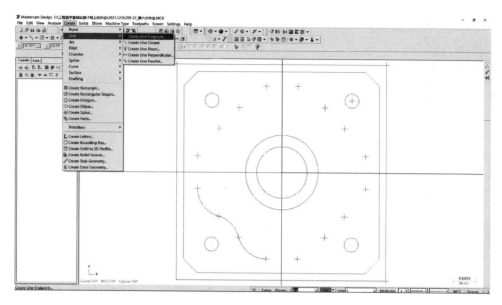

图 2-52　选取 Create Line Endpoints（绘制任意直线）

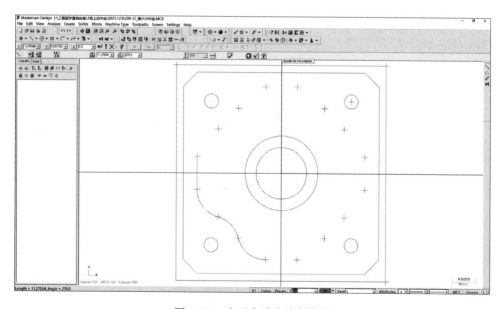

图 2-53　由两个端点绘制线段

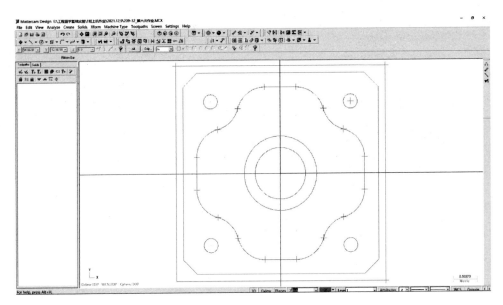

图 2-54　例 1 完成坐标点间圆弧与线段绘制后得到的封闭图形

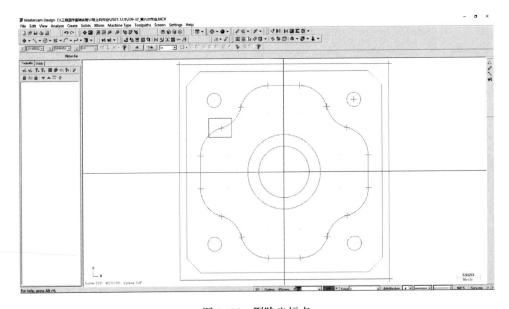

图 2-55　删除坐标点

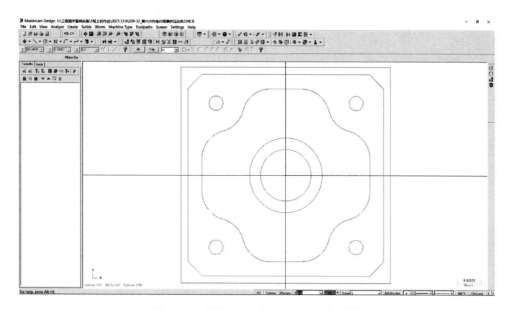

图 2-56　删除 16 个坐标点后的封闭图形

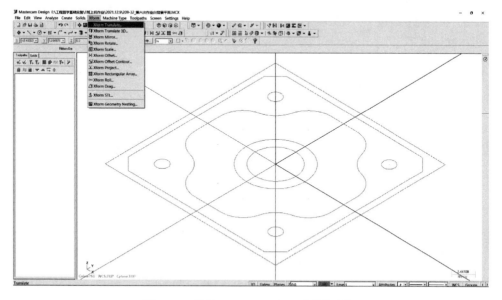

图 2-57　选取 Xform Translate（图形平移）

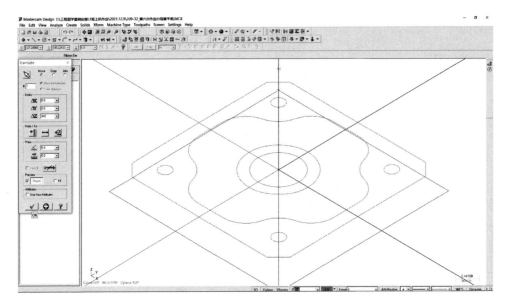

图 2-58　将最外侧图形沿 Z 轴负向平移 8 mm

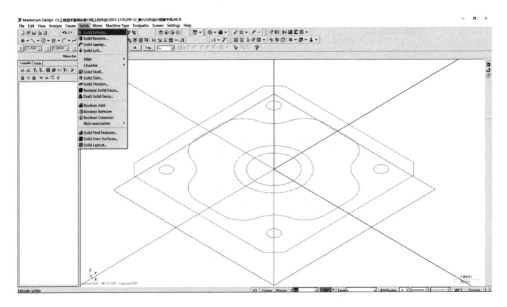

图 2-59　选取 Solid Extrude（挤压实体）

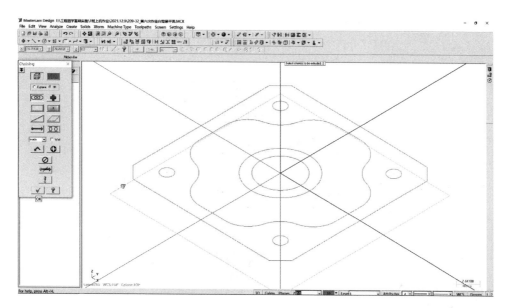

图 2-60　选取最外侧图形为 Extrude Chain（挤出串连）

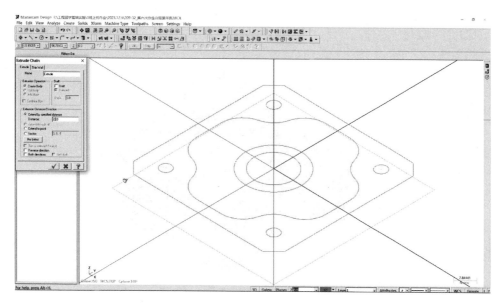

图 2-61　将选中的 Extrude Chain（挤出串连）向 Z 轴负向挤出 22 mm

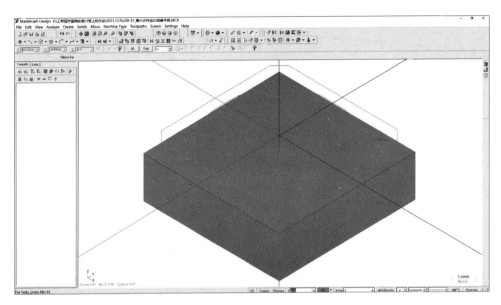

图 2-62　最外侧图形向 Z 轴负向挤出 22 mm 后得到的实体

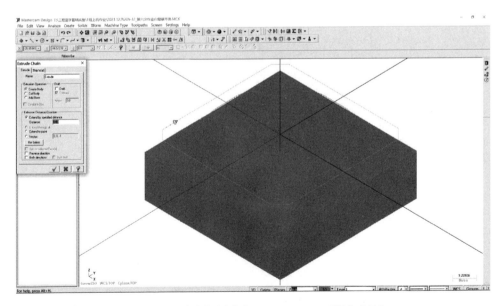

图 2-63　选取中间图形为 Extrude Chain（挤出串连）

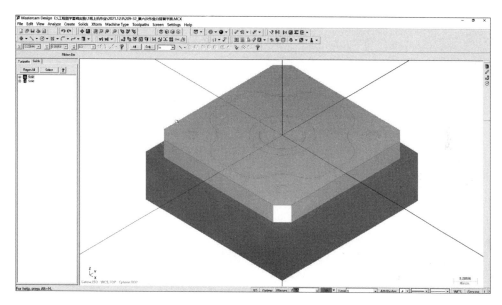

图 2-64　将选中的 Extrude Chain（挤出串连）向 Z 轴负向挤出 30 mm

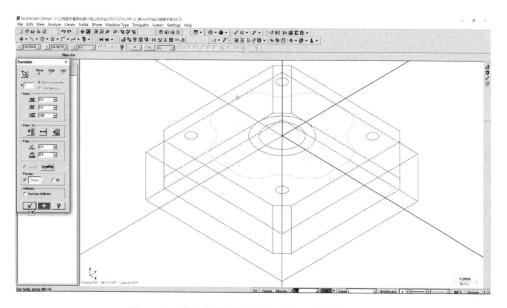

图 2-65　将内侧花瓣图形向 Z 轴正向平移 10 mm

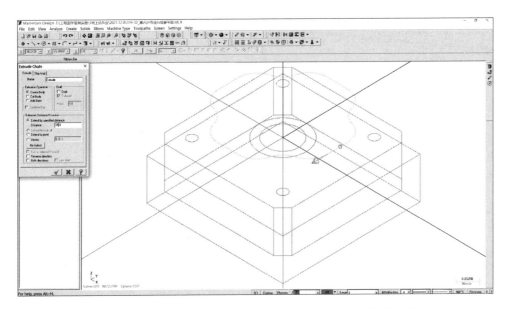

图 2-66　选取内侧花瓣图形为 Extrude Chain（挤出串连）向 Z 轴负向挤出 15 mm

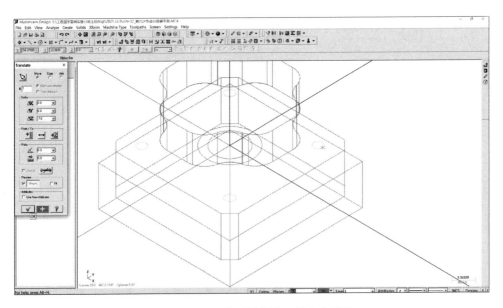

图 2-67　将 4 个 $\phi 5$ 的圆周线沿 Z 轴负向平移 7 mm

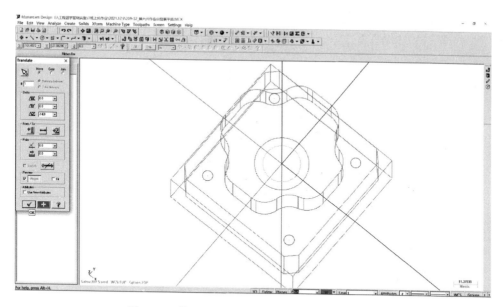

图 2-68　将 ϕ18 的圆周线沿 Z 轴负向平移 14 mm

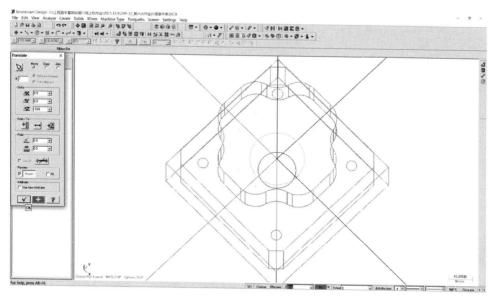

图 2-69　将 ϕ26 的圆周线沿 Z 轴负向平移 10 mm

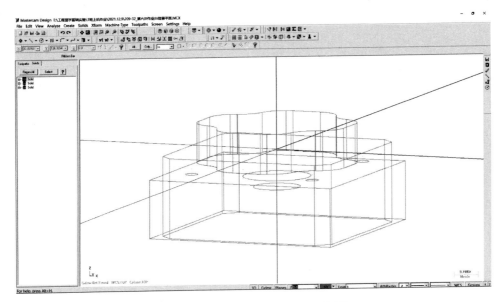

图 2-70　沿 Z 轴负向平移后的圆周线

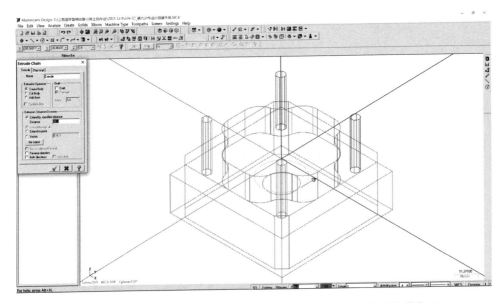

图 2-71　选取 φ26 的圆周线为 Extrude Chain（挤出串连）向 Z 轴正向挤出 30 mm

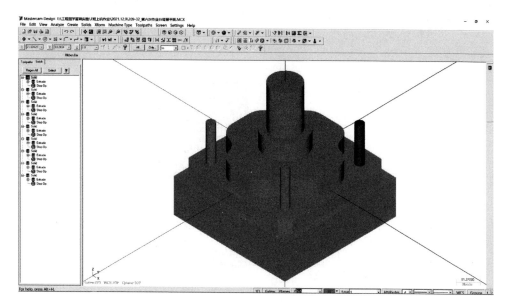

图 2-72　完成挤压后的 9 个实体

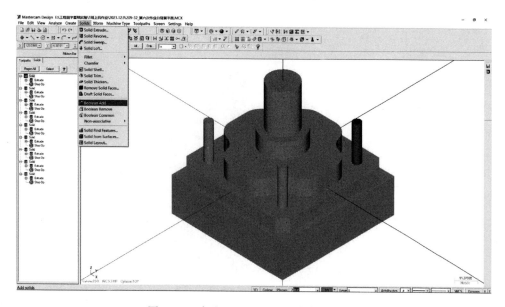

图 2-73　点取 Boolean Add（布尔加运算）

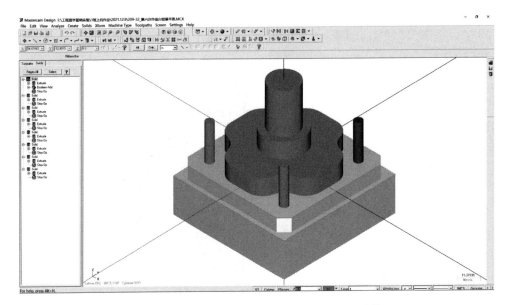

图 2-74　完成 Boolean Add（布尔加运算）的实体

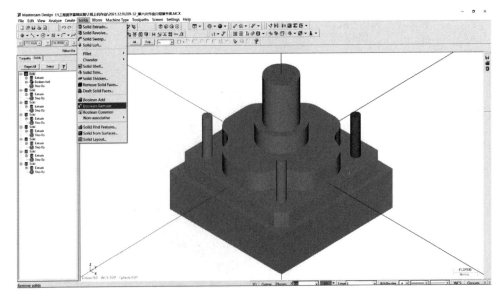

图 2-75　点取 Boolean Remove（布尔减运算）

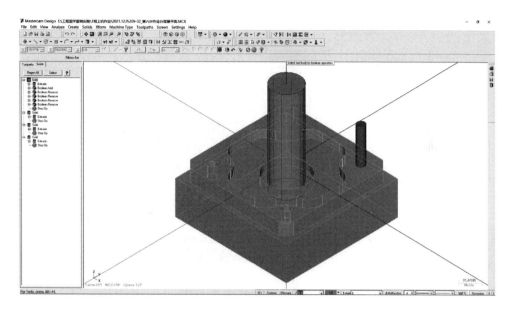

图 2-76　选取挤压实体进行 Boolean Remove（布尔减运算）

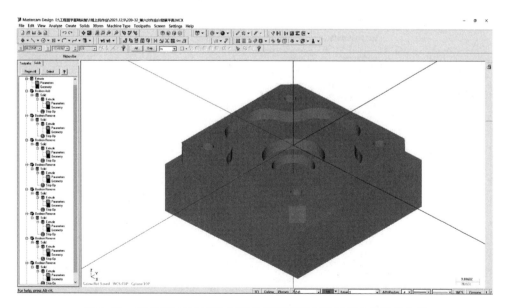

图 2-77　完成布尔加与布尔减运算后得到的实体及其布尔运算次序

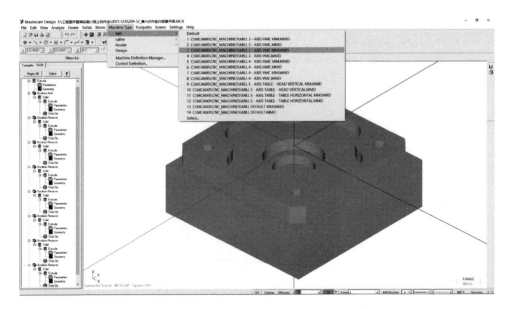

图 2-78　选取 3 轴立式加工中心为加工机床

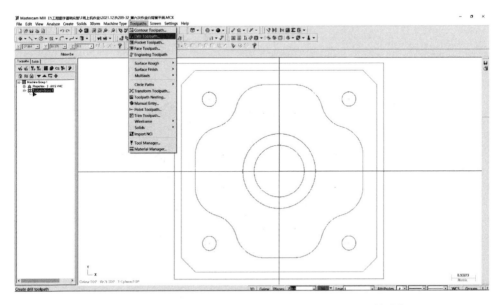

图 2-79　选取 Toolpaths（刀具轨迹）中的 Drill Toolpaths（钻孔加工）

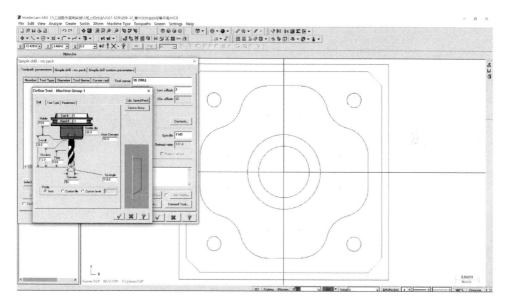

图 2-80　设定 T1 号刀具（钻头）直径为 φ5

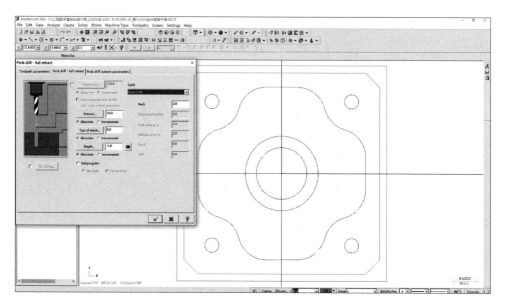

图 2-81　选取 Peck Drill（啄木鸟式钻孔）

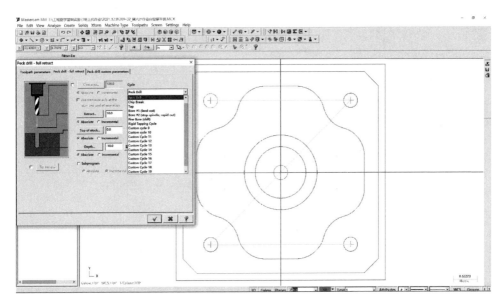

图 2-82　设定 T1 号刀具（钻头）的钻孔加工深度为 10 mm

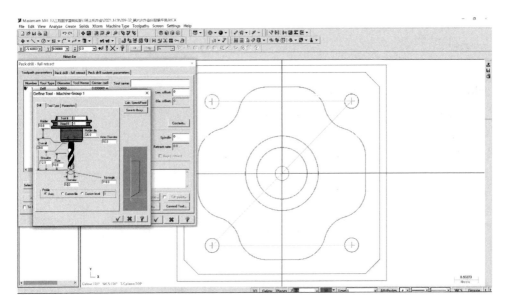

图 2-83　设定 T2 号刀具（钻头）直径为 φ16

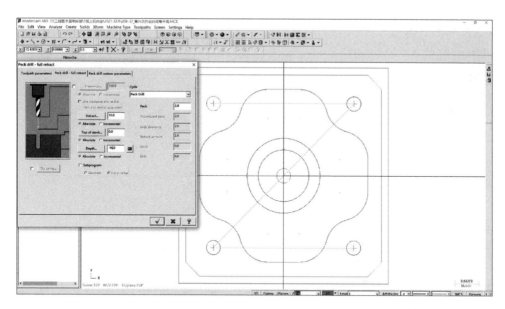

图 2-84　设定 T2 号刀具（钻头）的钻孔加工深度为 16 mm

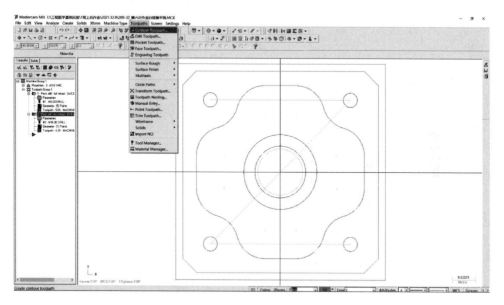

图 2-85　选取 Toolpaths（刀具轨迹）中的 Contour Toolpaths（外形铣削加工）

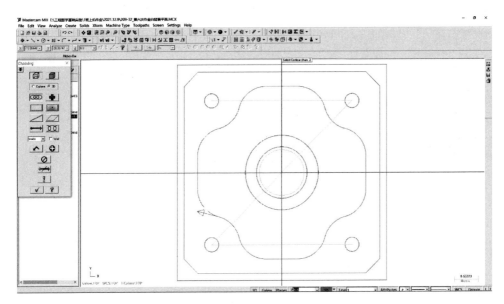

图 2-86　设定内侧花瓣形封闭曲线的 Contour Toolpaths（外形铣削加工）方向

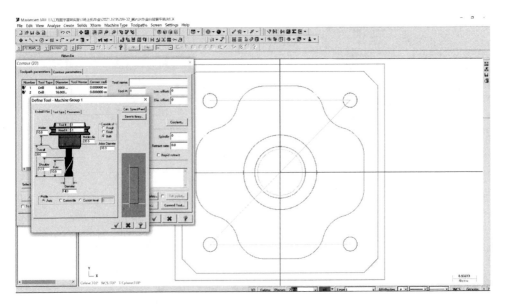

图 2-87　设定 T3 号刀具（平头铣刀）直径为 φ14

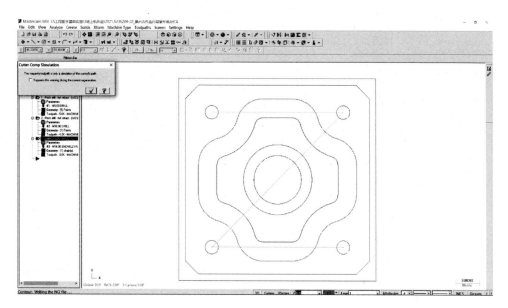

图 2-88　设定完成的内侧花瓣形封闭曲线 Contour Toolpaths（外形铣削加工）刀路轨迹

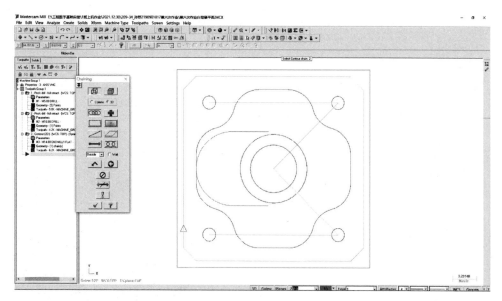

图 2-89　设定带倒角正方形的 Contour Toolpaths（外形铣削加工）方向

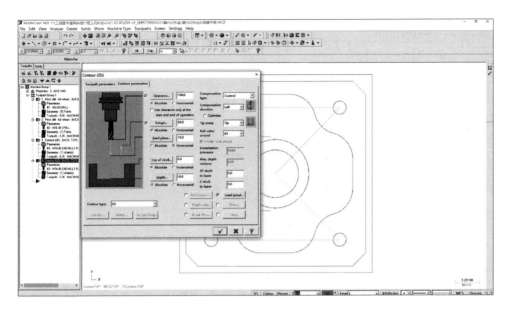

图 2-90　设定带倒角正方形的 Contour Toolpaths（外形铣削加工）加工参数

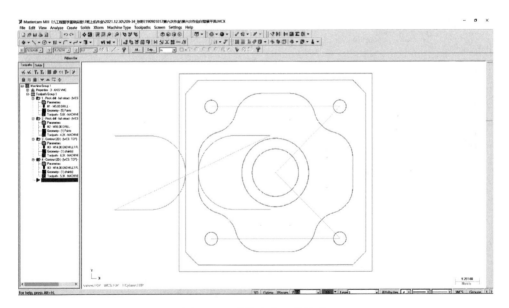

图 2-91　零件完整刀路轨迹

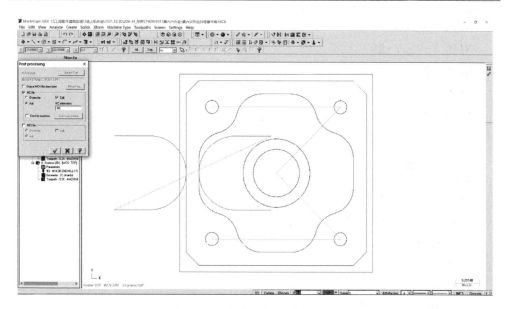

图 2-92　提取加工 G 代码程序

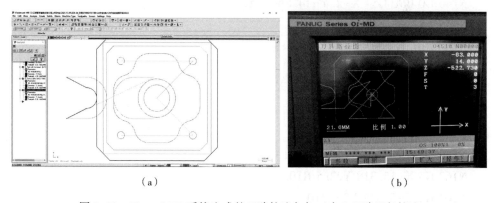

（a）　　　　　　　　　　　　　　　　　（b）

图 2-93　MasterCAM 系统生成的刀路轨迹与加工中心刀路运行轨迹

加工程序如下：

%

O4510

N104 T1

　　　M6

N106 G0 G90 G54 X-25. Y25. S600 M3

N108 G43 H1 Z10.

N110 G99 G83 Z-10. R10. Q2. F100

N112 X25.

N114 X0. Y0.

N116 X-25. Y-25.

N118 X25.

N120 G80

N122 M5

N128 T2

     M6

N130 G0 G90 G54 X0. Y0. S600 M3

N132 G43 H0 Z10.

N134 G99 G83 Z-16. R10. Q2. F100

N136 G80

N138 M5

N144 T3

     M6

N146 G0 G90 G54 X-2. Y-14. S600 M3

N148 G43 H3 Z50.

N150 Z10.

N152 G1 Z-5. F100

N154 G42 D3 X-16.

N156 G2 X-30. Y0. R14.

N158 G1 Y5. 635

N160 G2 X-22. 468 Y15. 326 R10.

N162 G3 X-15. 318 Y22. 5 R10.

N164 G2 X-5. 635 Y30. R10.

N166 G1 X5. 635

N168 G2 X15. 318 Y22. 5 R10.

N170 G3 X22. 468 Y15. 326 R10.

N172 G2 X30. Y5. 635 R10.

N174 G1 Y-5. 635

N176 G2 X22. 468 Y-15. 326 R10.

N178 G3 X15. 318 Y-22. 5 R10.

N180 G2 X5. 635 Y-30. R10.

N182 G1 X-5. 635

N184 G2 X-15. 318 Y-22. 5 R10.

N186 G3 X-22. 468 Y-15. 326 R10.

N188 G2 X-30. Y-5. 635 R10.

N190 G1 Y0.

N192 G2 X-16. Y14. R14.

N194 G1 G40 X-2.

N196 Z5. .

N198 G0 Z50.

N200 X-63. Y-14.

N202 Z10.

N204 G1 Z-8.

N206 G41 D3 X-49.

N208 G3 X-35. Y0. R14.

N210 G1 Y30.

N212 X-30. Y35.

N214 X30.

N216 X35. Y30.

N218 Y-30.

N220 X30. Y-35.

N222 X-30.

N224 X-35. Y-30.

N226 Y0.

N228 G3 X-49. Y14. R14.

N230 G1 G40 X-63.

N232 Z2.

N234 G0 Z50

　　　　G1 X0 Y0

　　　　G1 Z-14

　　　　G1 X-2 Y0

　　　　G2 X2　Y0 R2

　　　　G2 X-2 Y0 R2

　　　　G1 X0　Y0

　　　　G1 Z-10

　　　　G1 X-6 Y0

　　　　G2 X6　Y0 R6

G2 X-6 Y0 R6

G1 X0　Y0

G1 Z50

N236 M5

N242 M30

%

例2. 根据图2-94所示零件图纸，在MasterCAM系统中生成该零件的实体造型，并根据该实体造型生成加工代码。要求：外形铣削时采用控制器补偿，只生成外形精加工成型程序。

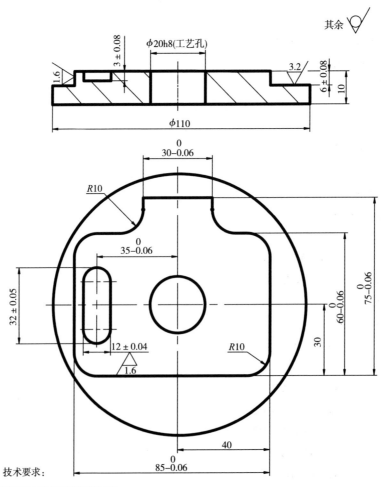

技术要求：

1. 不准用砂布及锉刀等修饰表面。
2. 未注公差尺寸按GB 1804—M。

图2-94　例2零件图纸

　　零件加工工艺分析：本零件的毛坯为车床加工后得到的中空圆柱体，中心工艺孔为车床钻孔加工所得，需要在 MasterCAM 系统中生成外形铣削程序及键槽加工程序（图 2-95~图 2-98）。

　　从图纸分析可知，零件外轮廓最小半径为 $R10$，因此其外轮廓铣刀的最大可选直径为 $\phi20$ mm。左侧键槽的宽度为 6 mm，其加工刀具直径选择 $\phi12$ mm。

　　选定的刀具清单：

①平头铣刀 $\phi20$ mm　　　1 把，刀号 T1。

②键槽铣刀 $\phi12$ mm　　　1 把，刀号 T2。

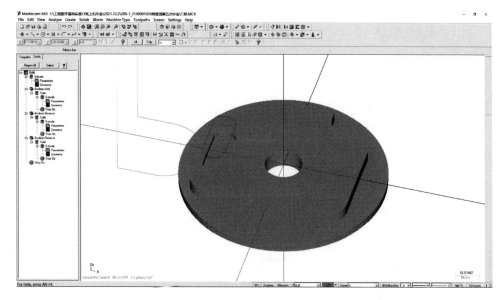

图 2-95　零件三维实体模型及生成过程中布尔运算次序

加工程序如下：

%

O0001

N104 T1

　　　M6

N106 G0 G90 G54 X-85. Y-20. S600 M3

N108 G43 H1 Z50.

N110 Z10.

N112 G1 Z-6. F300

N114 G41 D1 X-65.

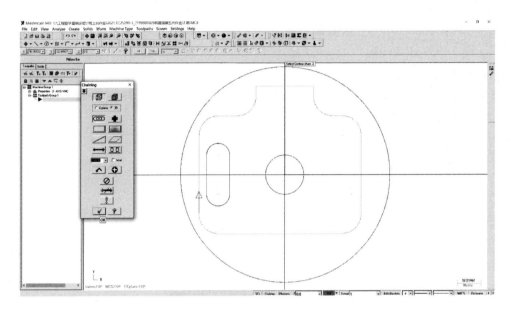

图 2-96　T1 号刀外形铣削刀路设计

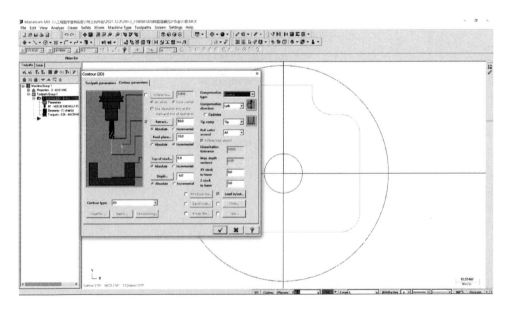

图 2-97　T1 号刀具参数及外形铣削加工参数

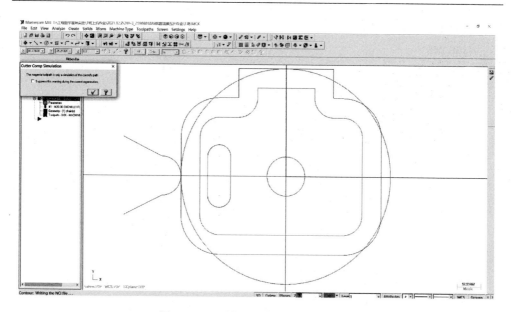

图 2-98　T1 号刀具外形铣削加工轨迹

N116 G3 X−45. Y0. R20.

N118 G1 Y20.

N120 G2 X−35. Y30. R10.

N122 G1 X−25.

N124 G3 X−15. Y40. R10.

N126 G1 Y45.

N128 X15.

N130 Y40.

N132 G3 X25. Y30. R10.

N134 G1 X30.

N136 G2 X40. Y20. R10.

N138 G1 Y−20.

N140 G2 X30. Y−30. R10.

N142 G1 X−35.

N144 G2 X−45. Y−20. R10.

N146 G1 Y0.

N148 G3 X−65. Y20. R20.

N150 G1 G40 X−85.

N152 Z4.

N154 G0 Z50.

N156 M5

 T2

 M6

 G0 G90 G54 X-35. Y-10. S500 M3

 G43 H2 Z100

 Z30

 G1 Z-3 F10

 G1 X-35 Y10

 G1 Z10 F300

 G0 Z100

 M5

N162 M30

%

例 3. 根据图 2-99～图 2-102 所示零件图纸，在 MasterCAM 系统中生成该零件的实体造型，并根据该实体造型生成加工代码。要求：外形铣削时采用控制器补偿，只生成外形精加工成型程序。

零件加工工艺分析：零件工序内容设计包括加工设备选择、零件图研究、毛坯选择、定位基准选择、工艺过程制定等。本零件的毛坯为铣床或加工中心粗加工得到，需要在 MasterCAM 系统中生成外形铣削及内型腔加工程序，并由钳工手工完成钻孔、攻螺纹、倒角等加工。

铝合金炉膛门底垫加工工艺过程（图 2-103～图 2-104）：

工序 1：铝合金毛坯粗加工——加工中心铣削加工，装夹次数：6 次。

工序 2：零件半精加工及精加工——加工中心铣削、钻加工，装夹次数：2 次。

工序 3：钳工手工攻螺纹，M4 内螺纹孔。

选定的刀具清单：

①平头铣刀 Φ20 mm 1 把，刀号 T1。

②键槽铣刀 Φ10 mm 1 把，刀号 T2。

③平头铣刀 Φ5 mm 1 把，刀号 T3。

④中心钻 1 把，刀号 T4。

⑤钻头 Φ3.5 mm 1 把，刀号 T5　M4 螺纹孔的底孔 手工攻螺纹。

⑥钻头 Φ6.5 mm 1 把，刀号 T6。

⑦钻头 Φ11 mm 1 把，刀号 T7。

⑧倒角刀 1 把，刀号 T8。

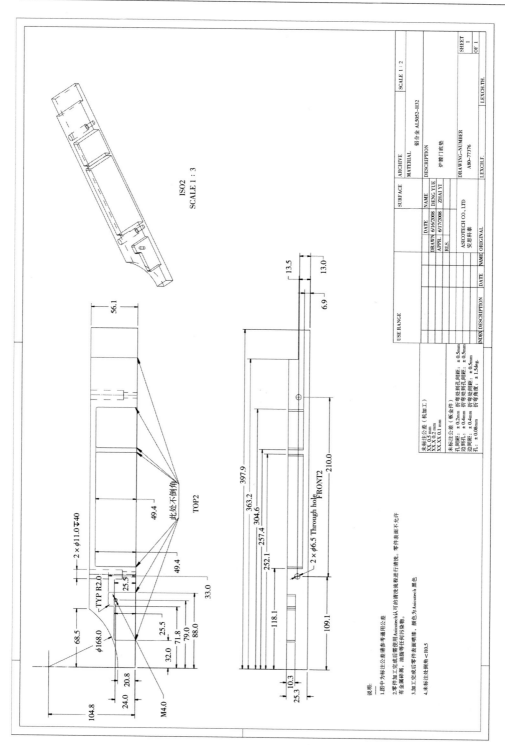

图 2-99　零件图纸

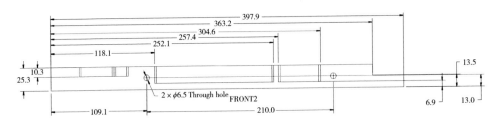

图 2-100　零件主视图

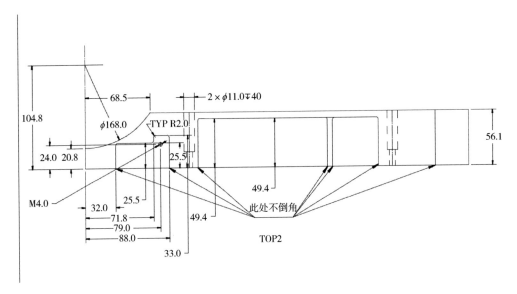

图 2-101　零件俯视图

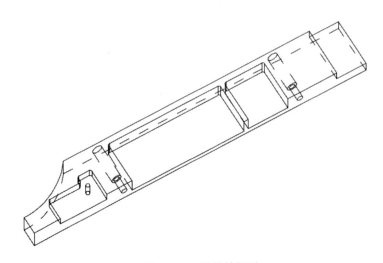

图 2-102　零件轴侧图

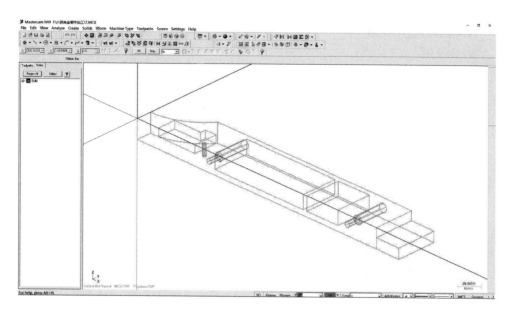

图 2-103　零件线框模型

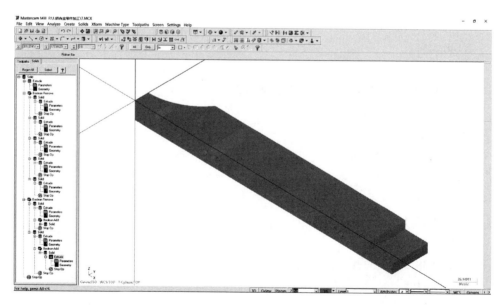

图 2-104　完成布尔加与布尔减运算后得到的实体及其布尔运算次序

加工程序如下：

%

N104 T1 M6

N106 G0 G90 G54 X-40. Y-9. 6 S600 M3

N108 G43 H1 Z100.

N110 Z10.

N112 G1 Z-28. F30

N114 G41 D1X-20. F10

N116 G3 X0. Y10. 4 R20.

N118 G1 Y20. 8

N120 G3 X68. 442 Y56. 1 R84.

N134 G1 G40 Y100

N136 Z50

N138 G0 Z100.

      G1X363. 2

      G1Z-11. 8

      G1-30

      G1383. 2

      G1Y100

      G1Z100

N140 M5

N146 T2 M6

N148 G0 G90 G54 X76. 3 Y11. 3 S600 M3

N150 G43 H2 Z100.

N152 Z10.

N154 G1 Z-10. 3 F30

N156 Y14. 1 F30

N158 X43. 7

N160 X44. 1 Y12. 9

N162 X43. 7 Y11. 3

N164 X38. 5 Y6. 5

N166 X81. 5

N168 Y26. 5

N170 X78. 3

N172 Y19.

N174 X38. 5

N176 Y6. 5

N178 Z10

N180 G0 Z50.

N182 X36. Y21. 5

N184 Z10.

N186 G1 Z-10. 3

N188 Y4.

N190 X84.

N192 Y29.

N194 X75. 8

N196 Y21. 5

N198 X36.

N200 Z10

N202 G0 Z100.

N204 X147. 97 Y21. 3

N206 Z10.

N208 G1 Z-18. 4

N210 X222. 167

N212 X228. Y18. 1

N214 Y23. 3

N216 X228. 4 Y26. 5

N218 X141. 782

N220 X142. 167 Y25. 3

N222 X142. 129 Y19. 3

N224 X141. 704 Y16. 5

N226 X228. 4

N228 X234. Y13. 3

N230 Y28. 9

N232 X234. 4 Y32. 1

N234 X135. 8

N236 X136. 2 Y30. 5

N238 X136. 091 Y13. 3

N240 X135. 216 Y11. 3

N242 X234. 984

N244 X240. 4

N246 X240. Y12. 9

N248 Y34. 5

N250 X240. 4 Y37. 7

N252 X129. 8

N254 X130. 2 Y36. 1

N256 Y14. 5

N258 X129. 8 Y11. 3

N260 X124. 6 Y6. 5

N262 X245. 6

N264 Y42. 9

N266 X124. 6

N268 Y6. 5

N270 Z10

N272 G0 Z50.

N274 X122. 1 Y45. 4

N276 Z10.

N278 G1 Z-18. 4

N280 Y4. F. 3

N282 X248. 1

N284 Y45. 4

N286 X122. 1

N288 Z10

N290 G0 Z100.

N292 X281. 3 Y26. 1

N294 Z10.

N296 G1 Z-18. 4

N298 X280. 68

N300 X280. 896 Y23. 7

N302 X280. 603 Y16. 9

N304 X281. 3

N306 X286. 5 Y13. 3

N308 Y28. 9

N310 X286. 9 Y32. 1

N312 X275. 1

N314 X275. 5 Y30. 9

N316 X275. 391 Y13. 3

N318 X274. 516 Y11. 3

N320 X287. 484

N322 X292. 9

N324 X292. 5 Y12. 5

N326 Y34. 5

N328 X292. 9 Y37. 7

N330 X269. 1

N332 X269. 5 Y36. 5

N334 Y14. 5

N336 X269. 1 Y11. 3

N338 X263. 9 Y6. 5

N340 X298. 1

N342 Y42. 9

N344 X263. 9

N346 Y6. 5

N348 Z10

N350 G0 Z50.

N352 X261. 4 Y45. 4

N354 Z10.

N356 G1 Z-18. 4

N358 Y4. F. 3

N360 X300. 6

N362 Y45. 4

N364 X261. 4

N366 Z10

N368 G0 Z100.

N370 M5

N376 T3 M6

N378 G0 G90 G54 X40. Y8. 75 S600 M3

N380 G43 H3 Z100.

N382 Z10.

N384 G1 Z-10. 3 F30

N386 G42 D3X36.

N388 G2 X32. Y12. 75 R4.

N390 G1 Y25. 5

N392 X71. 8

N394 Y33.

N396 X88.

N398 Y0.

N400 X32.

N402 Y12. 75

N404 G2 X36. Y16. 75 R4.

N406 G1 G40 X40.

N408 Z10

N410 G0 Z100.

N412 X126. 1 Y20. 7

N414 Z10.

N416 G1 Z-18. 4

N418 G42 D3 X122. 1 F. 3

N420 G2 X118. 1 Y24. 7 R4.

N422 G1 Y49. 4

N424 X252. 1

N426 Y0.

N428 X118. 1

N430 Y24. 7

N432 G2 X122. 1 Y28. 7 R4.

N434 G1 G40 X126. 1

N436 Z10

N438 G0 Z100.

N440 X265. 4 Y20. 7

N442 Z10.

N444 G1 Z-18. 4

N446 G42 D3 X261. 4 F. 3

N448 G2 X257. 4 Y24. 7 R4.

N450 G1 Y49. 4

N452 X304. 6

N454 Y0.

N456 X257. 4

N458 Y24. 7

N460 G2 X261. 4 Y28. 7 R4.

N462 G1 G40 X265. 4

N464 Z10

N466 G0 Z100.

N468 M5

N146 M30

%

例4. 根据图2-105所示零件图纸，在 MasterCAM 系统中生成该零件的实体造型（图2-106），并根据该实体造型生成加工代码（图2-107）。要求：外形铣削时采用控制器补偿，只生成外形精加工成型程序。

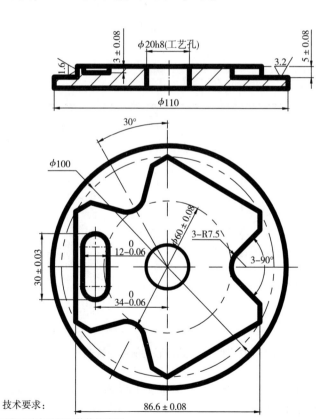

图 2-105　例 4 零件图纸

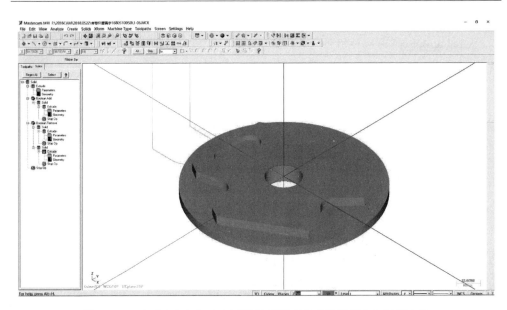

图 2-106　完成布尔加与布尔减运算后得到的实体及其布尔运算次序

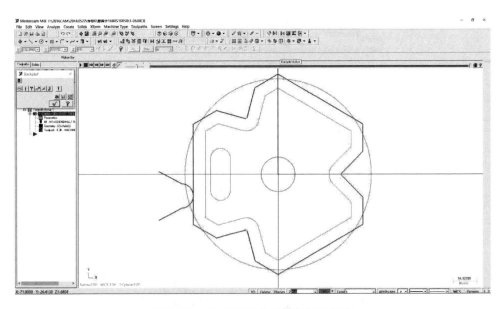

图 2-107　T1 号刀具外形铣削加工轨迹

零件加工工艺分析：本零件的毛坯为车床加工得到，需要在 MasterCAM 系统中生成外形铣削及键槽加工程序。

从图纸分析可知，零件外轮廓最小半径 R 为 7.5 mm，外形铣削所用刀具的半径 R 不能大于 7.5 mm，因此选用 $\phi14$ mm（半径 R 为 7 mm）的平头铣刀。零件键

槽处宽度为 $\phi 12$ mm，因此选用 $\phi 12$ mm 键槽铣刀加工键槽。

选定的刀具清单：

①平头铣刀 $\phi 14$ mm　　　1 把，刀号 T1。

②键槽铣刀 $\phi 12$ mm　　　1 把，刀号 T2。

加工程序如下：

```
%
N104 T1 M6
N106 G0 G90 G54 X-71. Y1. 587 S800 M3
N108 G43 H1 Z100.
N110 Z10.
N112 G1 Z-5. F500.
N114 G42 D1 X-57.
N116 G2 X-43. Y-12. 413 R14.
N118 G1 Y-24. 826
N120 X-35. 449 Y-29. 186
N122 X-20. 691 Y-25. 232
N124 G2 X-11. 506 Y-30. 535 R7. 5
N126 G1 X-7. 551 Y-45. 292
N128 X0. Y-49. 652
N130 X21. 5 Y-37. 239
N132 X43. Y-24. 826
N134 Y-16. 107
N136 X32. 197 Y-5. 303
N138 G2 Y5. 303 R7. 5
N140 G1 X43. Y16. 107
N142 Y24. 826
N144 X21. 5 Y37. 239
N146 X0. Y49. 652
N148 X-7. 551 Y45. 292
N150 X-11. 506 Y30. 535
N152 G2 X-20. 691 Y25. 232 R7. 5
N154 G1 X-35. 449 Y29. 186
N156 X-43. Y24. 826
N158 Y0.
```

N160 Y-12.413

N162 G2 X-57. Y-26.413 R14.

N164 G1 G40 X-71.

N166 Z5.

N168 G0 Z100.

N170 M5

    T2 M6

    G54 G0 G90 X-34 Y9 S800 M3

    G43 H2 Z100

    G0 Z10

    G1 Z5 F500

    Z-3

    Y-9

    Z10

    G0 Z100

    M5

N176 M30

%

例5. 根据图2-108及图2-109所示零件图纸，在MasterCAM系统中生成该零件的实体造型（图2-110），并根据该实体造型生成加工代码（图2-111）。要求：外形铣削时采用控制器补偿，只生成外形精加工成型程序。

零件加工工艺分析：本零件的毛坯为车床加工得到，需要在MasterCAM系统中生成外形铣削及马鬃加工程序。

从图纸分析可知，马嘴下方曲线夹角为锐角，马鬃部位最小间隙为4 mm，外形铣削所用刀具的半径R不能大于2 mm，因此选用ϕ4 mm的平头铣刀。

国际象棋马头加工工艺过程：

工序1：加工中心铣削加工马头轮廓，装夹次数：2次。

工序2：数控车床车削加工底座，装夹次数：1次。

选定的刀具清单：

平头铣刀ϕ4mm   1把，刀号T1。

工序1：加工中心铣削加工马头轮廓，装夹次数：2次。

工序2：数控车床车削加工底座。装夹次数：1次。

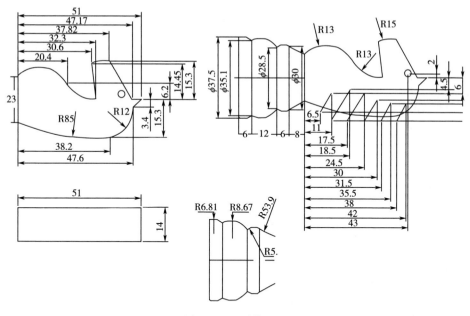

图 2-108　零件图纸

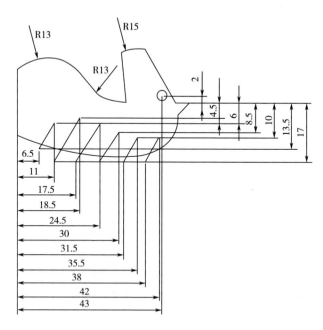

图 2-109　马头部分尺寸

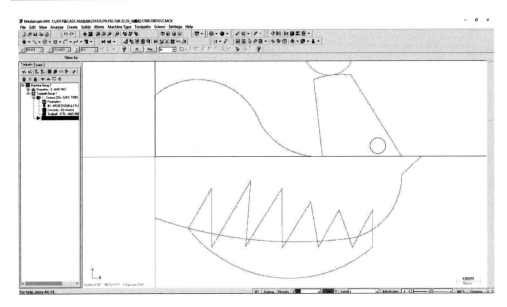

图 2-110　马头部分零件线框模型

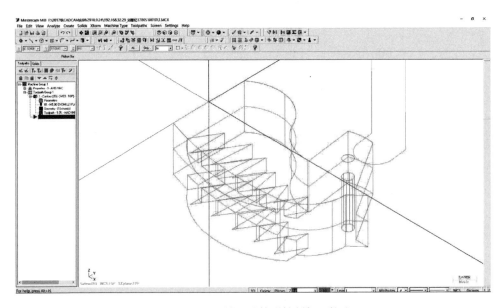

图 2-111　T1 号刀具外形铣削加工轨迹

马头单次装夹加工程序如下：

%

O1001

N104 T1

M6

N106 G0 G90 G54 X28. 023 Y24. 666 S600 M3

N108 G43 H1 Z100.

N110 Z10.

N112 G1 Z−14. F100

N114 G41 D1 X28. 607 Y19. 7

N116 G3 X34. 158 Y15. 319 R5.

N118 G2 X37. 82 Y15. 3 R15.

N120 G1 X47. 6 Y0.

N122 X51. 43

N124 X47. 6 Y−3. 4

N126 G2 X38. 2 Y−15. 3 R12.

N128 X0. Y−11. 5 R85.

N130 G1 Z50

N132 Y11. 5

　　G1 Z−14

N134 G2 X20. 4 Y6. 2 R13.

N136 G3 X32. 3 Y0. R13.

N138 G1 X30. 6 Y14. 45

N140 G2 X34. 158 Y15. 319 R15.

N142 G3 X38. 539 Y20. 869 R5.

N144 G1 G40 X37. 954 Y25. 835

N146 G1 Z10

N148 G0 Z50.

G0 X6. 5 Y−20

G1 Z−4

G1 X6. 5 Y−13. 5

G1 X11 Y−6

G1 X6. 5 Y−13. 5

G1 X6. 5 Y−20

G1 X11 Y−17

G1 X18. 5 Y−4. 5

G1 X11 Y−17

G1 X11 Y−20

```
G1 X17.5 Y-17
G1 X24.5 Y-6
G1 X17.5 Y-17
G1 X17.5 Y-20
G1 X24.5 Y-17
G1 X30 Y-8.5
G1 X24.5 Y-17
G1 X24.5 Y-20
G1 X31.5 Y-17
G1 X35.5 Y-10
G1 X31.5 Y-17
G1 X31.5 Y-25
G1 X38 Y-17
G1 X42 Y-10
G1 X38 Y-17
G1 X38 Y-25
G1 Z10
G0 50
    M5
    M30
%
```

图 2-112　国际象棋马棋子加工完成后的零件

2.5　计算机辅助雕刻

传统篆刻艺术是书法和雕刻结合制作印章的艺术，是汉字特有的艺术形式。篆刻兴起于先秦，盛于汉，衰于晋，败于唐、宋，复兴于明，中兴于清，迄今已有三千七百多年的历史（图 2-113）。中国自古就有尊崇和弘扬工匠精神的优良传统，《诗经》中的"如切如磋，如琢如磨"，反映的就是古代工匠在切割、打磨、雕刻象牙玉器时精益求精、追求完美的工作态度。

图 2-113　故宫珍宝馆所藏清代"奉天之宝"玺

"玺"是印章最早的名称，是古代人们在交往时，做为权力和凭证的信物，反映了社会实用生活习俗和朴素的审美价值观。秦以前，无论官职大小，私印都称"玺"。玺是由专门工匠制作，或凿或铸，玺文精细，章法生动。玺文分朱文和白文两种，其特征是：朱文玺边栏宽阔，白文玺有界格。内容有官职、姓名、吉语和肖形图案等。玺的形状大小不一，有长方形、方形、圆形和其他各种异形。

传统雕刻分为阴刻与阳刻，阳刻是将笔画显示平面物体之下的立体线条刻出，阴刻是将图案或文字刻成凹形。图 2-114 所示的田黄三联印中，左侧为阴刻，中间及右侧为阳刻。

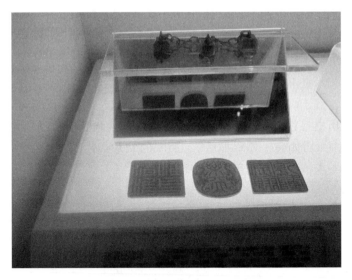

图 2-114 故宫珍宝馆所藏田黄三联印

计算机辅助雕刻是中国传统雕刻技术与计算机及数控加工技术相结合的产物，是一种最先进的雕刻技术。它秉承了传统手工雕刻精细轻巧与灵活自如的特点，同时利用了计算机软件与数控加工中心，在继承传统技法的基础上实现了准确高效的自动化雕刻加工。计算机辅助雕刻的流程如图 2-115 所示。

图 2-115 计算机辅助雕刻流程

例 1　计算机辅助雕刻——汉字"颖"字阴刻加工。

零件加工工艺分析：本零件的毛坯为数控车床加工得到，为 φ30mm 圆棒料，需要在 MasterCAM 系统中生成雕刻加工程序。

图章加工工艺过程：

工序 1：数控车床车削加工图章底座，装夹次数：1 次。

工序 2：加工中心雕刻加工，装夹次数：1 次。

加工中心选定的刀具清单：

中心钻　　　　　　　1 把，刀号 T1。

步骤 1：在 MasterCAM 系统中完成雕刻图案的二维线框模型设计，如图 2-116 所示。

步骤 2：完成雕刻图案以 Y 轴为镜像轴线的镜像变换，如图 2-117 ~ 图 2-119 所示。

步骤 3：刀路轨迹设计与加工程序生成。

①外形铣削加工，如图 2-120 ~ 图 2-127 所示。

②提取加工 G 代码程序与加工中心刀路运行轨迹分析，如图 2-128 ~ 图 2-129 所示。

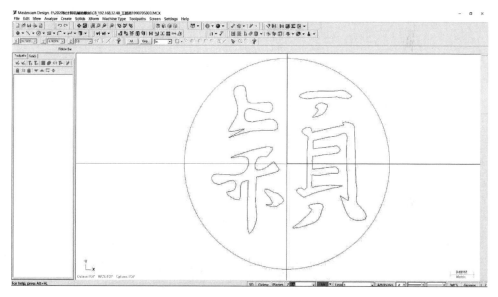

图 2-116　"颖"字线框模型

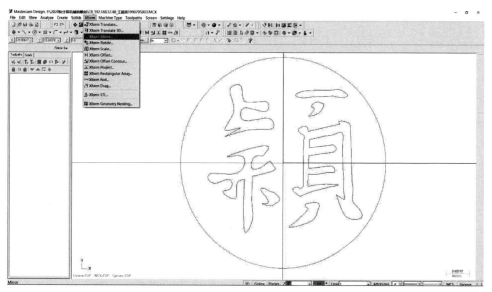

图 2-117　选取主菜单 Xform（转换）中的 Xform Mirror（镜像）

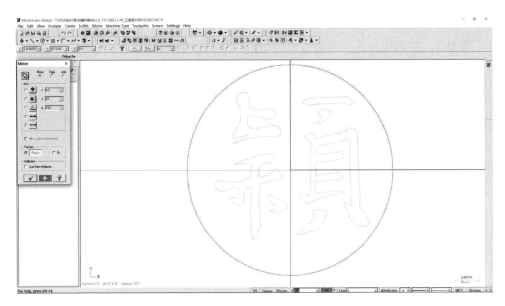

图 2-118　选择以 Y 轴为镜像轴线对"颖"字做镜像变换

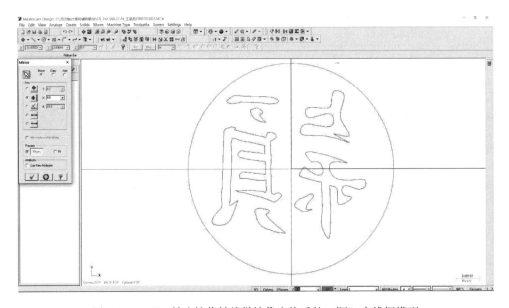

图 2-119　以 Y 轴为镜像轴线做镜像变换后的"颖"字线框模型

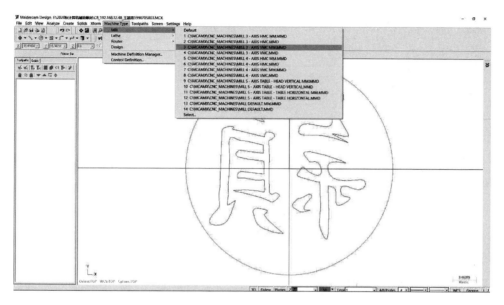

图 2-120　选取 3 轴立式加工中心为加工机床

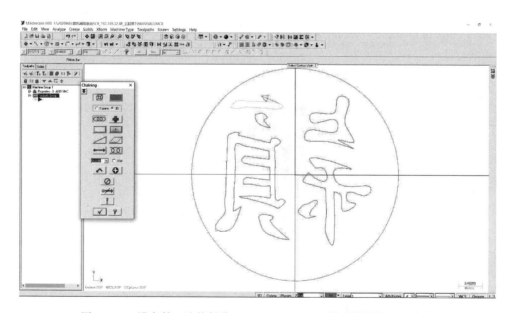

图 2-121　设定某一连笔部分 Contour Toolpaths（外形铣削加工）方向

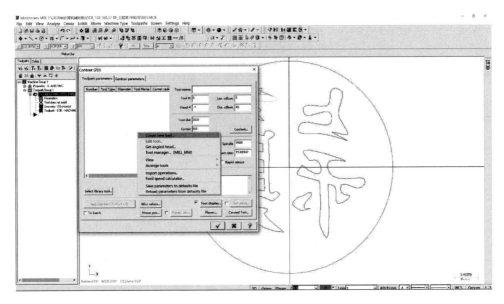

图 2-122　为 Contour Toolpaths（外形铣削加工）创建新的刀具

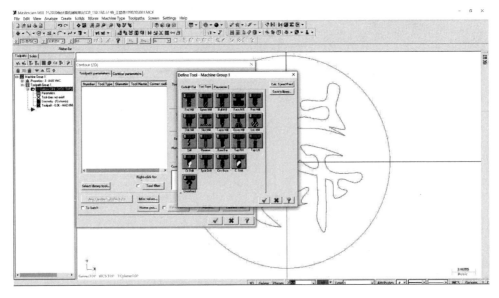

图 2-123　选择 Ctr Drill（中心钻）为雕刻加工刀具

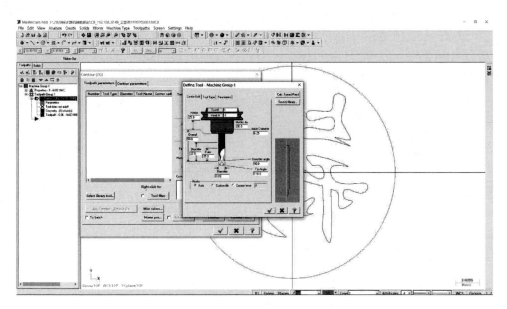

图 2-124　T1 号刀具（中心钻）直径为 φ0.05 mm

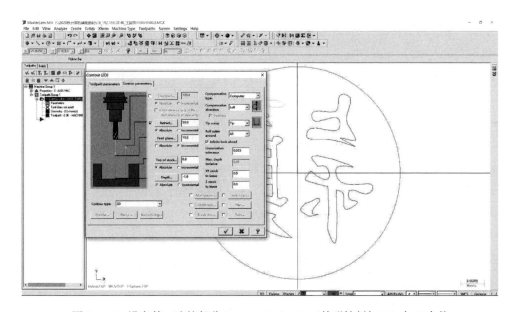

图 2-125　设定某一连笔部分 Contour Toolpaths（外形铣削加工）加工参数

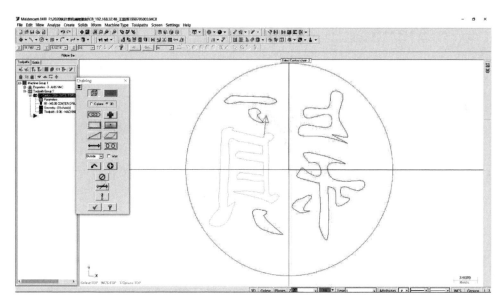

图 2-126 设定某一连笔部分 Contour Toolpaths（外形铣削加工）方向

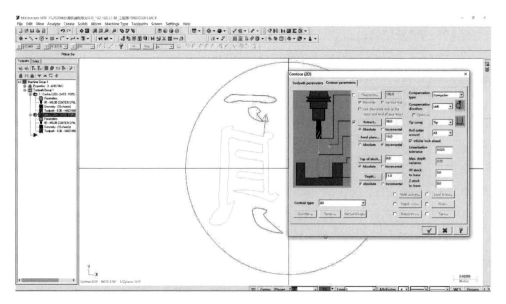

图 2-127 设定某一连笔部分 Contour Toolpaths（外形铣削加工）加工参数

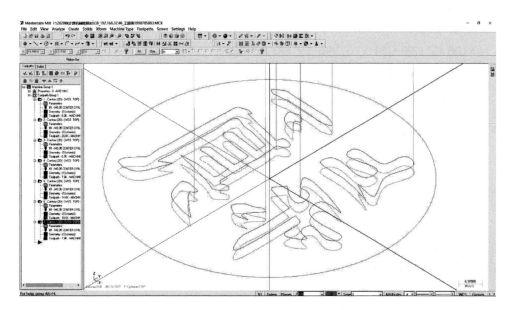

图 2-128　"颖"字雕刻加工完整刀路轨迹

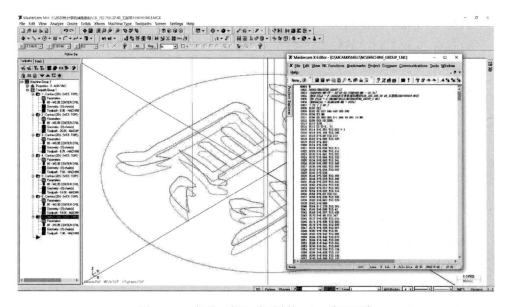

图 2-129　提取"颖"字雕刻加工 G 代码程序

"颖"字某一连笔部分加工程序：

%

O1009

N104 T1 M6

N106 G0 G90 G54 X-1. 996 Y9. 881 S600 M3

N108 G43 H1 Z50.

N110 Z10.

N112 G1 Z-1. F100

N114 X-2. 351 Y10. 023 F100

N116 X-2. 744 Y10. 166

N118 X-3. 28 Y10. 273

N120 X-4. 069 Y10. 309

N122 X-4. 463

N124 X-5. 039

N126 X-5. 048 Y10. 311

N128 X-5. 056 Y10. 316

N130 X-5. 061 Y10. 323

N132 X-5. 064 Y10. 332

N134 X-5. 063 Y10. 341

N136 X-5. 059 Y10. 349

N138 X-5. 052 Y10. 355

N140 X-5. 044 Y10. 359

N142 X-5. 034

N144 X-5. 026 Y10. 355

N146 X-5. 019 Y10. 349

N148 X-5. 015 Y10. 341

N150 X-5. 014 Y10. 332

N152 X-5. 017 Y10. 323

N154 X-5. 022 Y10. 316

N156 X-5. 03 Y10. 311

N158 X-5. 039 Y10. 309

N160 X-6. 667 Y10. 329

N162 X-6. 669

N164 X-7. 378 Y10. 381

N166 X-8. 009 Y10. 43

N168 X-8. 297 Y10. 405

N170 X-8. 48 Y10. 347

N172 X-8. 825 Y10. 121

N174 X-8. 908 Y10. 062

N176 X-8. 916 Y10. 058

N178 X-8. 925 Y10. 057

N180 X-8. 934 Y10. 06

N182 X-8. 942 Y10. 065

N184 X-8. 946 Y10. 073

N186 X-8. 948 Y10. 082

N188 X-8. 946 Y10. 091

N190 X-8. 941 Y10. 099

N192 X-8. 934 Y10. 104

N194 X-8. 925 Y10. 107

N196 X-8. 916 Y10. 106

N198 X-8. 908 Y10. 102

N200 X-8. 902 Y10. 095

N202 X-8. 898 Y10. 087

N204 Y10. 077

N206 X-8. 902 Y10. 069

N208 X-8. 908 Y10. 062

N210 X-9. 21 Y9. 855

N212 X-9. 32 Y9. 752

N214 X-9. 368 Y9. 654

N216 X-9. 366 Y9. 625

N218 X-9. 251 Y9. 49

N220 X-9. 058 Y9. 387

N222 X-8. 643 Y9. 314

N224 X-8. 602 Y9. 316

N226 X-8. 135 Y9. 388

N228 X-8. 126

N230 X-8. 117 Y9. 384

N232 X-8. 11 Y9. 378

N234 X-8. 106 Y9. 369

N236 Y9. 36

N238 X-8.109 Y9.351

N240 X-8.114 Y9.344

N242 X-8.122 Y9.339

N244 X-8.132 Y9.338

N246 X-8.141 Y9.34

N248 X-8.149 Y9.345

N250 X-8.154 Y9.352

N252 X-8.156 Y9.361

N254 X-8.155 Y9.371

N256 X-8.151 Y9.379

N258 X-8.144 Y9.385

N260 X-8.135 Y9.388

N262 X-7.634 Y9.46

N264 X-7.349 Y9.552

N266 X-7.346 Y9.553

N268 X-7.274 Y9.568

N270 X-7.271 Y9.569

N272 X-7.267

N274 X-6.914 Y9.551

N276 X-6.911

N278 X-6.798 Y9.532

N280 X-5.876 Y9.463

N282 X-4.68 Y9.461

N284 X-4.678

N286 X-4.174 Y9.424

N288 X-4.172

N290 X-3.489 Y9.316

N292 X-2.89 Y9.256

N294 X-2.598 Y9.28

N296 X-2.206 Y9.387

N298 X-1.871 Y9.519

N300 X-1.796 Y9.595

N302 X-1.793 Y9.612

N304 X-1.854 Y9.736

N306 X-1.996 Y9.881

N308 Z9. F100

N310 G0 Z50.

N311 M5

N312 M30

%

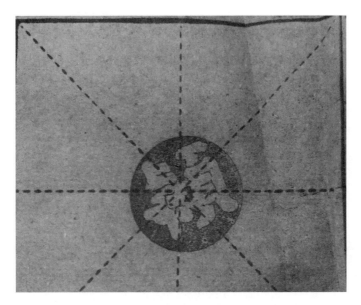

图 2-130　"颖"字图章雕刻加工完成后的用印效果

例 2　计算机辅助雕刻——汉字"雨"字阴刻加工。

零件加工工艺分析：本零件的毛坯为数控车床加工得到，为 φ30 mm 圆棒料，需要在 MasterCAM 系统中生成雕刻加工程序。

图章加工工艺过程：

工序 1：数控车床车削加工图章底座，装夹次数：1 次。

工序 2：加工中心雕刻加工，装夹次数：1 次。

加工中心选定的刀具清单：

中心钻　　　　　　　1 把，刀号 T1。

步骤 1：在 MasterCAM 系统中完成雕刻图案的二维线框模型设计，以 Y 轴为镜像轴线做镜像变换，如图 2-131~图 2-133 所示。

步骤 2：刀路轨迹设计与加工程序生成，如图 2-134~图 2-135 所示。

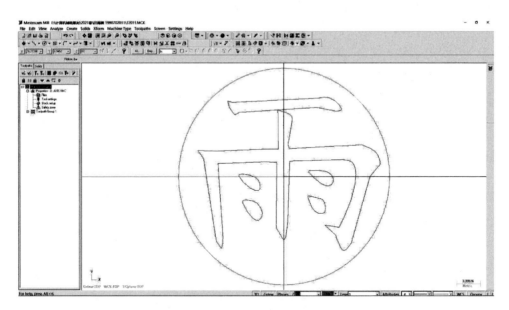

图 2-131　"雨"字线框模型

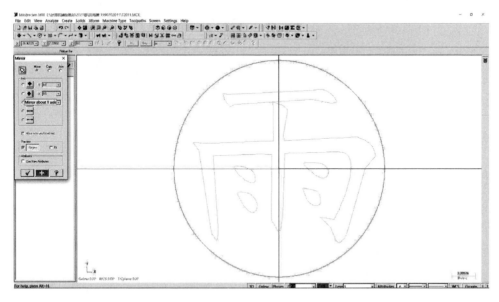

图 2-132　选择以 *Y* 轴为镜像轴线对"雨"字做镜像变换

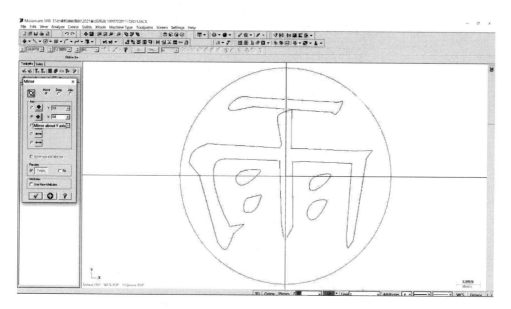

图 2-133 以 Y 轴为镜像轴线做镜像变换后的"雨"字线框模型

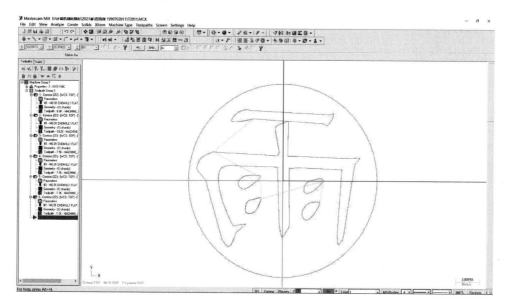

图 2-134 "雨"字雕刻加工完整刀路轨迹

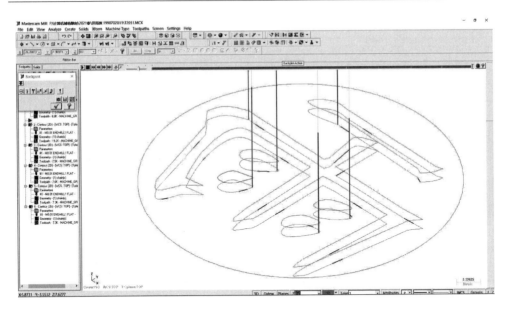

图 2-135 "雨"字雕刻加工完整刀路轨迹

"雨"字某一连笔部分加工程序：

%

O0000

N104 T1 M6

N106 G0 G90 G54 X-4.695 Y9.586 S0 M5

N108 G43 H0 Z50.

N110 Z10.

N112 G1 Z-1. F100

N114 X-6.434 Y9.21

N116 X-6.438 Y9.211

N118 X-6.44 Y9.214

N120 X-6.439 Y9.218

N122 X-6.436 Y9.22

N124 X-6.432 Y9.219

N126 X-6.43 Y9.216

N128 X-6.431 Y9.212

N130 X-6.434 Y9.21

N132 X-7.421 Y9.074

N134 X-7.916 Y9.093

N136 X-7. 918 Y9. 094

N138 X-8. 145 Y9. 202

N140 X-8. 147 Y9. 203

N142 X-8. 148 Y9. 205

N144 X-8. 199 Y9. 393

N146 Y9. 395

N148 Y9. 396

N150 X-8. 017 Y9. 773

N152 X-7. 517 Y10. 307

N154 X-7. 516 Y10. 308

N156 X-6. 942 Y10. 715

N158 X-6. 941 Y10. 716

N160 X-6. 472 Y10. 926

N162 X-6. 471

N164 X-6. 47

N166 X-6. 066 Y11. 008

N168 X-5. 438 Y10. 983

N170 X-4. 892 Y10. 877

N172 X-3. 714 Y10. 82

N174 X-2. 536 Y10. 764

N176 X-1. 357 Y10. 707

N178 X-. 178 Y10. 65

N180 X1. Y10. 593

N182 X2. 179 Y10. 536

N184 X3. 358 Y10. 48

N186 X4. 536 Y10. 423

N188 X5. 715 Y10. 366

N190 X6. 894 Y10. 309

N192 X7. 374 Y10. 286

N194 X8. 026 Y10. 482

N196 G2 X8. 032 Y10. 476 R. 005

N198 G1 X7. 929 Y9. 96

N200 Y9. 959

N202 X7. 658 Y9. 348

N204 X7. 62 Y9. 289

N206 X7. 619 Y9. 288

N208 X7. 169 Y8. 741

N210 X7. 001 Y8. 567

N212 X6. 999 Y8. 566

N214 X6. 997 Y8. 565

N216 X6. 995 Y8. 566

N218 X6. 338 Y8. 897

N220 X5. 162 Y8. 97

N222 X3. 984 Y9. 044

N224 X2. 806 Y9. 117

N226 X1. 628 Y9. 191

N228 X. 451 Y9. 265

N230 X-. 727 Y9. 338

N232 X-1. 905 Y9. 412

N234 X-3. 082 Y9. 486

N236 X-4. 26 Y9. 559

N238 X-4. 696 Y9. 586

N240 Z9. F100

N242 G0 Z50.

G0 Z50.

M5

M30

%

例3　计算机辅助雕刻——中国劳动关系学院校徽。

本零件的毛坯为铣床或加工中心粗加工得到，需要在 MasterCAM 系统中生成外形铣削加工程序。

校徽加工工艺过程：

工序：加工中心雕刻加工，装夹次数：1次。

加工中心选定的刀具清单：

中心钻　　　　　　1把，刀号 T1。

步骤1：在 MasterCAM 系统中完成校徽雕刻图案的二维线框模型设计，如图2-136 所示。

步骤2：刀路轨迹设计与加工程序生成，如图2-137 所示。

最终实物见图 2-138。

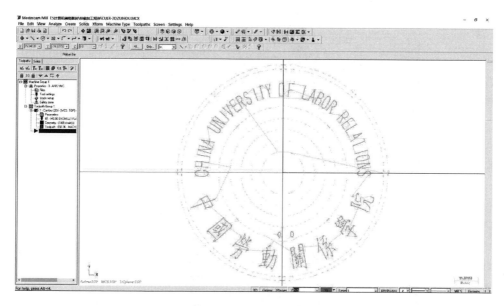

图 2-136　校徽线框模型

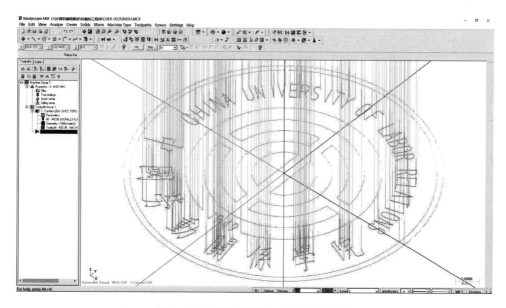

图 2-137　校徽雕刻加工完整刀路轨迹

图 2-138　完成雕刻加工的校徽实物

第3章　钳工技术实训

钳工是机械制造行业重要的工种之一，也是比较基础的、常见的工种之一。本章节主要从四个方面来讲解有关钳工知识内容。第一部分钳工基础知识，介绍钳工的概念、工作内容、工作要求、相关电气设备的使用及养护等基础性知识、安全文明生产及注意事项。第二部分介绍钳工常用量具，介绍常用量具的校准，使用，维护和保养等；第三部分钳工实训操作技能，介绍如划线、锯削、锉削、孔与螺纹加工、装配等操作技能。第四部分通过一个简单案例来讲解钳工完成加工工件的一般流程。希望通过对本章节的学习，大家可以了解钳工的一般知识，熟悉钳工常用的工具、量具、电气设备等使用方法，掌握钳工操作技能，并能够按照图纸要求，加工出所需要的工件。

3.1　钳工基础知识

随着机械工业的发展，许多繁重的工作被机械加工代替。但是那些对精度要求高，形状复杂的零部件加工以及设备的安装和调试维修，依然是机械难以完成的工作。这些工作依然需要拥有精湛技艺的钳工去加工、操作、完成。

3.1.1　钳工概述

钳工是使用基础的虎钳、工具、量具、钻床等，按照图纸要求，对生产材料进行手动加工，修整、并完成零件的制造、装配、调试和维修等工作的工种。钳工在制造行业中的特点是工作范围广，适用广泛，有较大的灵活性。钳工不仅是操作技能要求较高的基础工种，也是机械制造过程中不可缺失的工种之一。

3.1.1.1　钳工的主要任务

①零件加工。一些采用机械方法不适宜或不能解决的加工，都可由钳工来完成。例如：零件加工过程中的划线，异形件加工以及检验及修配等。

②工具制造和维修。制造和修理各种工具、夹具、量具、模具及其他一些专用或定制工具和设备。

③装配。把零件按机械设备的装配技术要求进行装配，并经过调整、检验和试

车等，使之成为合格的机械设备。

④设备维修。当机械在使用过程中产生故障，出现损坏或长期使用后精度降低影响使用时，也要通过钳工进行维护和修理。

3.1.1.2 钳工种类

按照钳工的工作任务可以将钳工分为普通钳工、机修钳工和工具钳工。

①普通钳工。普通钳工主要工作是对零件进行装配，修正，加工等。把零件按照要求进行加工、按照装配技术要求进行装配，最后完成零件的加工或者装配工作。

②机修钳工。机修钳工主要从事各种机械设备的维修和保养工作。当机械在使用过程中产生故障，或者发生零部件的损坏、精度降低等问题时，可以通过机修钳工来维护和修理。

③工具钳工。工具钳工主要从事工具、模具、刀具的制造和维修等工作。

3.1.1.3 钳工的基本操作技能

钳工的基本操作技能主要包括錾削、锉削、锯切、划线、钻削、铰削、攻丝、套丝、刮削、研磨、矫正、弯曲和铆接等。钳工的工作场地主要是由台虎钳和工作台组成。钳工通过综合使用手锯、锉刀等各种工具，千分尺、游标卡尺等量具，钻头、铰刀等各种刀具，台钻、砂轮机等设备，完成操作工作。

3.1.2 钳工常用设备及其保养

钳工常用的设备主要有虎钳、钳工台、砂轮机、台钻等。

3.1.2.1 台虎钳与平口钳

台虎钳又称虎钳（图3-1）。台虎钳是钳工用来夹持毛坯工件的通用夹具。装置在工作台上，用以夹稳加工工件。台虎钳是钳工重要的工具，也是钳工车间必备夹具，因为钳工的大部分工作都是在台虎钳上完成的。台虎钳转盘式的钳体可旋转，使工件旋转到合适的工作位置。操作台虎钳时，利用扳手转动丝杠，通过丝杠螺母带动活动钳身移动，完成对工件的加紧与松开。台虎钳的钳身通过导轨与定钳口的导轨作滑动配合。丝杠装在活动钳身上，当摇动手柄使丝杠旋转时，就可以使动钳口部分向定钳口方向移动，起夹紧或放松的作用。固定钳身和活动钳身上，各装有钢制钳口，并用螺钉固定。钳口的工作面上制有交叉的网纹，使工件夹紧后不易产生滑动。钳口经过热处理淬硬，具有较好的耐磨性。

台虎钳在钳台上安装时，应该使钳口高度与操作者工作时的高度尽量一致，一般多以钳口高度恰好与肘齐平为宜。夹紧工件时要松紧适当，只能用手扳紧手柄，不得借助其他工具加力。

平口钳又名机用虎钳，和台虎钳相似，也是一种通用夹具，常用于安装小型工件，它是铣床、钻床的随机附件。平口钳的钳口平面是较平整的平面，没有交叉网纹。平口钳适合夹持较软的工件表面，易变性的工件，对表面粗糙度要求较高的工件。台虎钳往往在夹持毛坯材料时使用。使用时将其固定在机床工作台上，用来夹持工件进行切削加工。

图 3-1　台虎钳

3.1.2.2　钳工台

钳工台是用来放置台虎钳、放置工具的工作台（图 3-2）。它是钳工用于生产和检修工件的必需设备，广泛用于工件的加工、模具的检修、组装等。

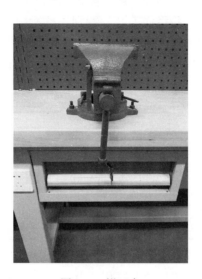

图 3-2　钳工台

3.1.2.3 砂轮机

砂轮机是用来刃磨各种刀具、工具的常用设备，也用作普通小零件进行磨削、去毛刺及清理等工作（图3-3）。其主要由基座、砂轮、电动机或其他动力源、托架、防护罩和给水器等组成。其可分为手持式砂轮机、立式砂轮机、悬挂式砂轮机、台式砂轮机等。

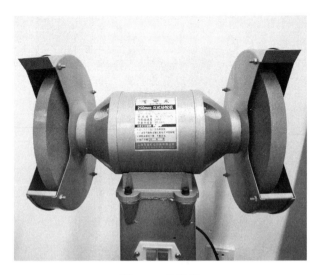

图 3-3　砂轮机

使用砂轮机时应特别注意一些问题。首先，应根据要加工器件的材质和加工进度要求，选择砂轮的粗细，并稳固安装。特别注意所用砂轮不得有缺陷，如裂痕、缺损等。其次，在磨削时，操作人员应戴防护眼镜，以防止飞溅的金属屑和沙粒对人体造成伤害。在磨削过程中，不要一直在砂轮的一个部位进行磨削。最后，为了防止被磨削的器件加工面过热退火，可随时将磨削部位放入水中进行冷却。

3.1.2.4 台钻

台钻是一种常见的孔加工机床（图3-4）。在钻床上可以装夹钻头、锪刀、铰刀、镗刀、丝锥等刀具。台钻主要做中小型零件钻孔、扩孔、铰孔、攻螺纹、刮平面等工作。台钻是一种应用广泛的小型钻床，安放在钳工台上使用。它灵活性较大，转速高，生产效率高，使用方便，因此是零件加工、装配和维修工作中常用的设备之一。钻床头架可在圆立柱上面上下移动，并可绕圆立柱中心转到任意位置进行加工。工作台可在圆立柱上做上下移动，并可绕立柱转动到任意位置。工作台座的锁紧工件较小时，可放在工作台上钻孔，当工件较大时，可把工件台转开，直接放在钻床底面上钻孔。

图 3-4　台钻

使用台钻时，可以根据钻头直径和加工材料的不同，选择合适的转速。也可以调整工作台上下、左右的位置。通过转动进给手柄来实现调整主轴的进给。

台钻的使用时应注意：首先，对所有操作手柄、开关及旋钮进行检查，看其是否在正确位置，操纵是否灵活，安全装置是否齐全、可靠。其次，钻头与工件必须装夹紧固，不能用手握住工件，以免钻头旋转引起伤人事故以及设备损坏事故。最后，钻头在运转时，不能戴手套工作，禁止用棉纱和毛巾擦拭钻床及清除铁屑。工作后，钻床必须擦拭干净，切断电源，零件堆放及工作场地保持整齐、整洁。

3.1.3　安全文明实训要求

钳工实训练习的主要安全文明要求有以下几个方面：所用工具必须齐备、完好、可靠，才能开始工作。禁止使用有裂纹、带毛刺、手柄松动等不符合安全要求的工具，并严格遵守常用工具安全操作规程。开动设备，应先检查防护装置，紧固螺钉以及电、油、气等动力开关是否完好，并空载试车检验，安全无误后才可以进行操作。操作时应严格遵守所用设备的安全操作规程。设备上的电气线路、器件以及电动工具发生故障，应报告老师，自己不得拆卸。实训过程中注意周围人员及自身的安全，防止因挥动工具、工具脱落、工件及切屑飞溅造成伤害。所用的工具必须放在工作台桌子里，不准放在其他地方。操作台钻时，严禁戴手套。工件应压紧在平口钳上，不得用手拿工件进行钻孔、铰孔、扩孔的操作。清除铁屑，必须使用钢刷等工具，禁止手擦或嘴吹。工作完毕，必须清理工作场地，将工具和零件整齐地摆放在指定的位置上。

3.2 钳工常用量具

钳工在生产过程中为了确保零件和产品的质量，必须经常使用量具进行测量。量具主要作为测量和检测零件尺寸和形状的工具。它的种类较多，常用量具可以分类为万能量具、标准量具和专用量具。万能量具有钢直尺、游标卡尺、千分尺、划线高度尺、万能角度尺等；标准量具有量块、表面粗糙度比较样块等；专用量具有卡规、塞规等。

3.2.1 钢直尺

3.2.1.1 钢直尺的介绍

直尺是大家生活中比较常见的量具（图3-5），可直接测量精度要求不高的尺寸长度。直尺按照材质不同，有钢、塑料、木等不同材质的直尺；按照有效量程的不同，又可分为15 cm、50 cm、100 cm 等多种规格。一般的直尺的标度单位是厘米。它的尺寸精度或者说最小刻度值一般为 1 mm，即可以直接在尺面上直接读出的数值。使用直尺测量时，为使读数更加准确，可以估读一位小数，如 24.5 mm。在直尺上，零刻度线的位置有两种：一种是在直尺的顶端，即直尺一端的边缘作为直尺的零点；另一种是零刻度线距直尺顶端有一定的距离，中间留白，距离为0.5~1 cm 不等。

图3-5 钢直尺

3.2.1.2　钢直尺使用方法与读数

使用直尺测量时，首先查看直尺的有效量程是否大于待测物件的长度，直尺的测量精度是否满足待测量尺寸的要求。测量应选择量程和精度合适的直尺用于测量。测量时，需要查看直尺的零刻度线位置，并使零刻度线对齐待测尺寸位置的一端，然后读出右侧对齐位置的刻度线数值，需要估读的，可估读一位数值，并一起记录下来。

3.2.1.3　使用钢直尺时的注意事项

钢直尺在使用过程中要避免碰撞或跌落，并避免与刀具、刃具混放在一起，以免锋利的刀具、刃具划伤直尺的表面。不使用时可先将尺面擦拭干净，置于干燥、中性的地方，避免接触酸碱类物质，以防被腐蚀。

3.2.2　游标卡尺

3.2.2.1　游标卡尺的介绍

游标卡尺是一种可以测量长度、内外径、深度等较常见的高精度量具（图 3-6）。它由主尺和游标尺两部分构成。游标尺附在主尺上，能够沿着主尺滑动。游标卡尺的主尺和游标上有上下两副活动的测量卡爪，分别是内测量卡爪和外测量卡爪。内测量卡爪用于测量孔内径，外测量卡爪用于测量孔外径。右侧伸出的深度尺可以测量孔或槽的深度。游标卡尺的主尺一般以毫米为单位，相邻两刻度线相距为 1 mm。而游标上则有 10、20 或 50 个分格的不同规格。根据分格的差异，可将游标卡尺分为十分度游标卡尺、二十分度游标卡尺、五十分度游标卡尺等。十分度游标卡尺的游标上每格代表 0.1 mm，二十分度游标卡尺的游标上每格代表 0.05 mm，五十分度游标卡尺的游标上每格代表 0.02 mm。游标上每格的数值代表着此游标卡尺的精度。

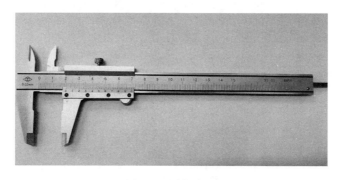

图 3-6　游标卡尺

3.2.2.2 游标卡尺的校对与使用

游标卡尺的使用方法：使用前先校对游标卡尺的零位。使用时用软布将卡爪擦干净，使其并拢，查看主尺和游标的零刻度线是否对齐。如果对齐就可以进行测量，如没有对齐则要记录误差值。具体来看，当测量零件的外尺寸（或外圆直径）时，左手拿待测工件，右手拿住尺身，先把卡尺的外测量卡爪张开，将工件放置在两卡爪之间。两外测量卡爪构成的平面应垂直于被测量表面，不能歪斜。可以轻轻转动卡尺，放正垂直位置。大拇指施加轻微的力推动游标，使卡爪接触零件并锁紧紧固螺钉，然后读取尺寸数值。当测量零件的内尺寸（内孔直径）时，先将卡尺内测量卡爪推至最小位置，将卡爪伸进孔或槽中，然后大拇指推动游标，使量爪刚好接触孔或槽内壁，调整好位置锁紧螺钉，并读数。而当测量孔或槽深度时，卡尺右侧的伸出的深度尺应贴合在待测孔或槽的内壁上，深度尺应与孔的中心轴线或槽的内面保持水平，不得有夹角。

读取游标卡尺上数值时首先以游标零刻度线为准在主尺上读取毫米整数，即以毫米为单位的整数部分。然后看游标上第几条刻度线与主尺上的刻度线对齐。以此时游标上刻度线在的位置，乘以游标每刻度值代表的数值，获得小数部分。将整数部分加上小数部分，即为最终测量的结果。若最终获得的数值是整数时，根据游标卡尺的精度，可以在整数后面补齐小数。例如一把游标是 50 分度的卡尺，在整数上读取整数位 13，游标上为 0 时，此时可以记录最终结果为 13.00 mm。游标卡尺最终测量的数值不需要估读小数。

如图 3-7 所示的 50 分度卡尺，在主尺上可以直接读出 20 mm。在游标部分，游标上数值 9 后的第二格对齐主尺上刻度线，故小数部分可以读出数值为 0.94 mm。所以最后的测量值为 20.94 mm 。

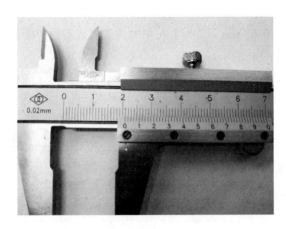

图 3-7 游标卡尺

3.2.2.3　使用游标卡尺时的注意事项

测量前必须先校对游标卡尺的零位。把卡尺揩干净，检查卡爪的两个测量面和测量刃口是否平直无损，把两个卡爪紧密贴合时，应无明显的间隙，同时游标和主尺的零位刻线要相互对准。移动游标时，卡爪不应过松或过紧，中间也不能有晃动、移动。用固定螺钉固定尺框时，卡尺的读数不应有所改变。在移动游标时，不要忘记松开固定螺钉，也不宜过松以免掉了。用游标卡尺测量零件时，不允许过分地施加压力，所用压力应使两个卡爪刚好接触零件表面。如果测量压力过大，可能会使卡爪弯曲变形或磨损，使测量得的尺寸不准确，导致测量的外尺寸值小于实际尺寸或测量的内尺寸值大于实际尺寸。

在游标卡尺上读数时，应把卡尺水平地拿着，朝着亮光的方向，使人的视线尽可能和卡尺的刻线表面垂直，以免由于视线的歪斜造成读数误差。为了获得正确的测量结果，可以多测量几次，即在工件的同一截面上的不同方向进行重复测量。对于较长零件，则应当在全长的各个部位进行测量，以获得一个比较正确的测量结果。不可把卡尺的两个量爪调节到接近甚至小于所测尺寸，把卡尺强行卡到零件上去。这样做会使量爪变形，或使测量面过早磨损，使卡尺失去应有的精度。

3.2.3　千分尺

3.2.3.1　千分尺的介绍

千分尺也称螺旋测微器、螺旋测微仪（图 3-8）。它的旋钮套筒上有 50 格刻度线，测量精度可以达到 0.01 mm，是比游标卡尺更精密的测量工具，但是其测量范围要小得多。千分尺的测量精度和测量范围一般都刻在其尺架的标牌上。选择使用千分尺时可以预先估算待测尺寸的大小，并根据测量的精度要求，选择合适的千分尺。

3.2.3.2　千分尺的校对、使用与读数

选择适合的量程、精度的千分尺后，在测量前需要对千分尺进行校对零点。旋转旋钮和微调旋钮，使得测微螺杆和另一测头贴合在一起，记录数值。如果主刻度尺为零，且可动刻度的零刻度线恰好与主尺中线对齐，则完成千分尺校对且不存在偏差。若没有，则记录当前存在的正误差或负误差，用于之后最终测量数值的计算。在测量工具尺寸时，应先将测微螺杆旋至较大的位置，以便将工件待测部分放置于测头与测微螺杆之间。旋转旋钮，待测微螺杆接近待测面后，改为旋转微调旋钮。旋转的过程中需要保持测头和测微螺杆与带侧面保持垂直，最终使待测工件卡在测头和测微螺杆之间。扳动锁紧开关，固定旋钮套筒位置，并读取数值。

图 3-8　千分尺

　　千分尺的数值读取应该先直接读出主尺数值，可以根据旋钮套筒的左侧边缘在主尺的位置读出主尺数值。在读数时应注意主尺中线上方的半毫米刻度线是否露出。如果转筒边缘在半毫米刻度线附近，应参考套筒上的数值。如果主尺中线在套筒上的数字在 0 刻度线以下，未到 0 刻度线，则说明主尺半毫米刻度线未露出，无需读其数值。如果主尺中线指向套筒上的数字在 0 刻度线以上，已经过了 0 刻度线，则说明主尺半毫米刻度线已经露出，需读其数值。对于套筒上的数值，主要看主尺上中线指在的位置：可以先直接读出小数点后两位的数值，然后根据中线的位置估算出第三位的小数值，最后将主尺的数值加上套筒上直接读出和估算后的数值，得到一个精确度为 0.001 mm 的数值，即为最后的数值。

　　如图 3-9 所示，在千分尺主尺上，我们可以直接读出数值为 14.5 mm，在转筒上我们可以直接读出的数值为 0.11 mm。此时，根据主尺中线的位置，我们还可以估读出 0.003 mm。将所测量的数值相加，14.5+0.11+0.003，得出 14.613 mm，即 14.613 mm 为最终的测量值。

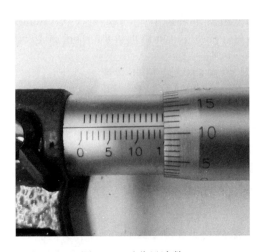

图 3-9　千分尺读数

3.2.3.3 使用千分尺时的注意事项

使用千分尺测量前先将千分尺擦拭干净，检查零位线是否准确。同时，把待测工件的测量面也擦干净。工件较大时可以放在 V 型铁或平板上测量。拧活动套筒时需用棘轮装置。不要拧松后盖，以免造成零位线改变。使用完成后，将千分尺放入其专用盒内，置于干燥处。

3.2.4 划线高度尺

3.2.4.1 划线高度尺的介绍

划线高度尺也称为高度游标卡尺或高度尺（图 3-10）。它是一种较常用的量具和画线工具。用于测量零件的高度和精密划线。它的结构特点是用质量较大的基座和固定量爪来测量待测平面的高度，或者用固定量爪划线。量爪的测量面上镶有硬质合金，提高量爪使用寿命。高度游标卡尺的测量工作，应在测量平台上进行。当量爪的测量面与基座的底平面位于同一平面时，如在同一平台平面上，主尺与游标的零线相互对准。在测量高度时，量爪测量面的高度，就是被测量零件的高度尺寸。使用它来测量或划线时，具体数值读数和游标卡尺读数操作方式一样，可在主尺和游标上读出准确数值。应用高度游标卡尺划线时，调好划线高度，用紧固螺钉把尺框锁紧后，也应在平台上进行调整，然后再进行划线。

3.2.4.2 划线高度尺的使用与读数

划线高度尺的使用方法：使用前先校对划线高度尺的零位。使用时用软布将划线高度尺擦干净，放置在工作台上，查看主尺和游标的零刻度线是否对齐。如果对齐就可以进行测量，如没有对齐则要记录误差值。测量高度时，将测量零件放置在工作台上，用量爪轻轻地按压在工件表面

图 3-10 划线高度尺

上。大拇指施加轻微的力推动游标，使量爪接触零件并锁紧紧固螺钉，然后读取尺寸数值。

读取划线高度尺上数值时，首先以游标零刻度线为准在主尺上读取以毫米为单位的整数部分，然后看游标上第几条刻度线与主尺上的刻度线对齐。以此时游标上刻度线在的位置，乘以游标每刻度值代表的数值，获得小数部分。将整数部分加上小数部分，即为最终测量的结果。若最终获得的数值是整数时，根据游标卡尺的精度，可以在整数后面补齐小数。例如，一把游标是 50 分度的卡尺，在整数上读取整数位 13，游标上为 0 时，此时可以记录最终结果为 13.00 mm。游标卡尺最终测量的数值不需要估读小数。

使用划线高度尺进行划线时，同样先进行校对零位。校零完成后，将滑动游标到待划线的数值位置。此过程可以使用微调旋钮，调整准确的数值。首先调整游标，使得数值比最终的数值稍微偏大一点，然后锁紧微调旋钮下方的锁紧螺母，然后旋转微调旋钮，即可较轻松地调整好最后的数值。锁紧游标块下的螺母，然后将划线高度尺和待划线工件放在工作平面上。工件上待划线的平面面对划线高度尺。左手固定好工件，右手握住划线高度尺底座，移动量爪，使量爪的硬质合金尖部在工件表面划出基准线。最后完成划线操作。

3.2.4.3 使用划线高度尺时的注意事项

测量前应擦净工件测量表面和划线高度尺的主尺、游标、测量爪，并检查测量爪是否磨损。同时测量前还必须先校对划线高度尺的零位。将划线高度尺放置在工作台，推测量爪至零位，检查量爪的测量面和基座所在的平面是否在同一平面。量爪是否贴合在工作台上。此时，游标和主尺的零位刻线应相互对齐。如果未对齐，可以读出其存在的误差并记录下来。在移动游标时，量爪不应过松或过紧，中间也不能有晃动、移动。用固定螺钉固定尺框时，划线高度尺的读数不应有所改变。在移动游标时，不要忘记松开固定螺钉，也不宜过松以免掉了。用划线高度尺测量零件时，不允许过分地施加压力，所用压力应使两个量爪刚好接触零件表面。如果测量压力过大，可能会使量爪弯曲变形或磨损，使测量得的尺寸不准确，导致测量的高度值小于实际尺寸。

在划线高度尺上读数时，应把固定螺钉锁紧，将卡尺水平方向拿着，朝着亮光的方向，使人的视线尽可能和卡尺的刻线表面垂直，以免由于视线的歪斜造成读数误差。为了获得正确的测量结果，可以多测量几次。即在工件表面的不同位置进行重复测量。对于表面较大的零件，则应当在表面的多个部位进行测量，以便获得一个比较正确的测量结果。不可把量爪用力地压在工件表面上。这样做会使量爪变形，或使测量面过早磨损，使划线高度尺失去应有的精度。

使用后，注意清洁划线高度尺测量爪的测量面。长时间不使用的划线高度尺应将其擦净上油，放入盒中保存。

3.2.5 宽座角尺

3.2.5.1 宽座角尺的介绍

宽座角尺也简称角尺，可检测工件内角、外角的垂直偏差，检测平面的平面度，检测两平面的垂直度等形位公差。宽座角尺是检验和划线工作中常用的量具（图3-11）。

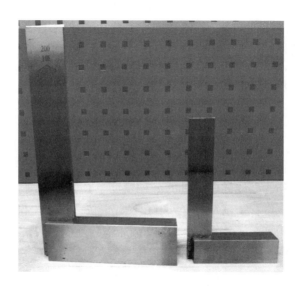

图 3-11　两种规格的宽座角尺

3.2.5.2 宽座角尺的使用

1. 用于测量

宽座角尺可以检查工件平面的平面度，平面间的垂直度。测量平面平面度时，可以将工件的待测平面贴合在宽座角尺边处，使用不同规格的塞尺分别向两平面间伸入，通过可伸入的塞尺的规格，来测出平面的平面度。在测量两平面的垂直度时，将工件两个待测平面分别贴合在宽座角尺两边，向光源处举起，检查分别接触的两平面是否有漏光，进而了解两平面的垂直度。

2. 用于划线

使用宽座角尺划线时，可以在工件表面划出平行线和垂直线。宽座角尺的边可以作为划针的导向工具。划垂直线时，需要将宽座角尺的一边跟基准线重合，然后在另一条边上用划针划出与其垂直的线。划一条线的平行线，可以将宽座角尺的窄边先贴合在第一条线上，然后宽座角尺的宽条边上放置一辅助量块。保持宽边贴合量块滑动，角度不变，滑动合适的距离，使用划针在宽座角尺窄边处划出需要的平行线。

3.2.5.3 使用宽座角尺时的注意事项

使用宽座角尺前应先检查各测量面和边缘是否有锈蚀、碰伤、毛刺等缺陷，然后将宽座角尺的测量面与被测量面擦拭干净。使用时，将直角尺放在被测工件的工作面上，用光隙法来检查被测工件的角度是否正确。检验工件外角时，须使直角尺的内边与被测工件接触。检验内角时，则使直角尺的外边与被测工件接触。测量时，应注意直角尺的测量位置，不得倾斜。在使用和放置工件边较大的直角尺时，应注意防止弯曲变形。

3.2.6 万能角度尺

3.2.6.1 万能角度尺的介绍

万能角度尺又称万能量角器（图 3-12），是一种可以利用游标读数原理来直接测量工件角，或者作为划线导向工具的一种角度量具，用于测量机械加工中的内、外角度。它由主尺、游标、基尺、直尺、角尺、卡块等组成。根据直尺、角尺的不同组装形式，万能角度尺可组合成的测量范围分别为 0°～50°、50°～140°、140°～230°和 230°～320°4 种。

图 3-12　万能角度尺

3.2.6.2　万能角度尺的使用与读数

测量前应先校准万能角度尺的零位。万能角度尺的零位，是指角尺与直尺均装上时，角尺的底边及基尺与直尺无间隙接触，此时主尺与游标的零线对准。调整好零位后，通过改变基尺、角尺、直尺的相互位置可测试 0°~320° 范围内的任意角。

测量时，根据产品被测部位的情况，预估待测角度大小。根据待测角度值调整直尺与角尺的组合安装。使用时，先调整直尺和角尺的位置，用卡块上的螺钉把它们紧固住，再来调整基尺测量面与其他有关测量面之间的夹角。然后松开制动头上的螺母，移动主尺作粗调整。再转动扇形板背面的微动装置作细调整，直到两个测量面与被测表面密切贴合为止。最后拧紧制动器上的螺母，把角度尺取下来进行读数。万能角度尺的读数机构是根据游标原理制成的。主尺刻线每格为 1°。游标的刻线是取主尺的 29° 等分为 30 格，因此游标刻线角格为 29/30，即主尺与游标一格的差值为 2 分度，也就是说万能角度尺读数准确度为 2 分度。除此之外，万能角度尺还有 5 分度和 10 分度两种精度。其读数方法与游标卡尺完全相同。

对于测量 0°~50° 角度，角尺和直尺应全都装上，工件的被测部位放在基尺和直尺的测量面之间进行测量（图 3-13）。

对于测量 50°~140° 角度，应该把角尺卸掉，把直尺装上去，使其与扇形板连在一起。工件的被测部位放在基尺和直尺的测量面之间进行测量。也可以不拆下角尺，只把直尺和卡块卸掉，再把角尺拉到下边来，直到角尺短边与长边的交线和基尺的尖棱对齐为止。工件的被测部位放在基尺和角尺短边的测量面之间进行测量（图 3-14）。

图 3-13　测量范围为 0°~50° 的组装形式　　　图 3-14　测量范围为 50°~140° 的组装形式

如若待测角度预估值在 140°~230°，可以将把直尺和卡块卸掉，把角尺推上去，直到角尺短边与长边的交线和基尺的尖棱对齐为止。把工件的被测部位放在基尺和角尺短边的测量面之间进行测量（图3-15）。

若测量230°~320°的角度，应该把角尺、直尺和卡块全部卸掉，只留下扇形板和主尺。工件的被测部位放在基尺和扇形板测量面之间进行测量（图3-16）。

 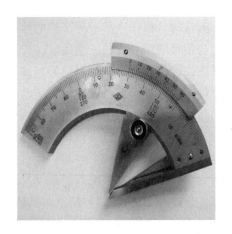

图3-15　测量范围为140°~230°的组装形式　　图3-16　测量范围为230°~320°的组装形式

3.2.6.3　使用万能角度尺时的注意事项

使用前，先将万能角度尺擦拭干净，再检查各部件的相互作用是否移动平稳可靠、止动后的读数是否不动，然后对零位。测量时，放松制动器上的螺帽，移动主尺座作粗调整，再转动游标背面的手把作精细调整，直到使角度尺的两测量面与被测工件的工作面密切接触为止。然后拧紧制动器上的螺帽加以固定，即可进行读数；测量完毕后，应用汽油或酒精把万能角度尺洗净，用干净纱布仔细擦干，涂以防锈油，然后装入匣内。

3.2.7　量具的校准与养护

量具是比较精密的测量工具，要轻拿轻放，不得碰撞或跌落地下。使用时不要用来测量粗糙的物体，以免损坏量爪。避免与刃具放在一起，以免刃具划伤游标卡尺的表面。游标卡尺使用完毕，用棉纱擦拭干净。长期不用时应将它擦上黄油或机油，两个量爪合拢并拧紧紧固螺钉，放入卡尺盒内盖好，并应置于干燥中性的地方，远离酸碱性物质，防止锈蚀。

3.3 钳工实训操作技能

钳工的基本操作技能主要包括錾削、锉削、锯切、划线、钻削、铰削、攻丝和套丝、刮削、研磨、矫正、弯曲和铆接等。本文主要介绍常用的操作技能，如划线、锯削、锉削、钻削、铰削、套丝等操作。

3.3.1 划线

划线是钳工根据图纸要求，用划线工具如划针、划规等在毛坯工件或半成品上划出基准线的操作。划线工作不仅在毛坯表面划线，也经常在已加工过的表面上进行，如在模具的加工制造过程中，划线工作大多是在已加工的模板上进行的。划线是加工前的准备工作，也是钳工应该掌握的一项基本技能。划线的主要作用就是确定工件的加工余量和尺寸界限，便于找到正确位置。划线也可以检验毛坯形状尺寸，及时发现和处理不合格毛坯。借助划线还可以补救存在歪斜、偏心等问题的毛坯件。划线分平面划线和立体划线。平面划线是在工件的一个表面上划线，方法与机械制图相似。立体划线是在工件的几个表面上划线，如在长、宽、高方向或其他倾斜方向上划线。

3.3.1.1 划线工具介绍

划线常用工具有划针、划规、划线高度尺、样冲、钢直尺、宽座角尺、万能角度尺等。

①划针。划针是较常用的划线工具，通常使用高速钢等制成，尖端有 20° 左右的针尖。为增强划针耐磨性，钢制的针尖可以经过淬火处理，增强其耐磨性，或者使用硬质合金材料做针尖（图 3-17）。

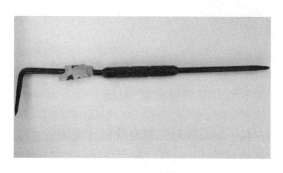

图 3-17 划针

使用划针时应注意以下问题：划针应与划线方向成一定角度，针尖紧靠钢直尺、宽座角尺等导向工具边缘进行划线；划线时不要重复划线，否则划出的线可能模糊不清；针尖应保持锋利尖锐，若针尖用钝则应及时更换或重新刃磨。

②划规。划规主要用于划圆和圆弧。钳工常用的划规有普通划规、弹簧划规等。使用划规应注意以下问题：划规的脚尖要尖锐，两脚合拢时两脚尖应可以完全贴合在一起；划线时划规一脚作为旋转中心，应施加较大的力，另一脚施于较小的力在工件表面划出圆或圆弧（图3-18）。

③划线高度尺。划线高度尺具有测量和划线的作用，是精密测量工具。常见的划线高度尺的读数精度一般为 0.02 mm，适用于较精密的划线工作。划线高度尺上有硬质合金材质的划线脚，可以直接在待划线工件表面划出精密的高度尺寸直线。

划线高度尺一般不用于粗糙毛坯的划线。使用划线高度尺划线时，在划线方向上，划线脚与工件待划线表面之间应成45°左右的夹角，减少划线阻力。

④样冲。样冲用于在工件表面确定点上冲点。样冲的材质一般为工具钢，根据样冲顶尖的角度不同可以分为粗冲和细冲。使用样冲前应先划出几条线，以确定冲点位置。冲点

图 3-18　划规

后以冲点为圆心，利用划规等划出需要的圆弧，或者以冲点作为钻孔的定位中心。使用样冲时应考虑待冲表面情况，来确定冲点的深浅。一般来说，粗糙的表面可以冲得相对深一点，光滑表面可以冲得浅一点（图3-19）。

图 3-19　样冲

⑤钢直尺、宽座角尺。钢直尺可在划直线时作为测量、定位的划线导向工具，而宽座角尺主要用来划垂直线、平行线。配合划针一起使用时，钳工应将钢直尺或宽座角尺按压在划线位置，使导向工具和待划线表面贴合在一起，以避免使用时滑

动，产生误差。

⑥万能角度尺。万能角度尺可以在 0°~320° 的范围内测量两表面的角度值，也可以用于划线的定向工具，比如划夹角的等角平分线等。

3.3.1.2　钳工划线操作

划线前，看清图样，详细了解工件上需要划线的部位。明确工件及其划线有关部分在产品中的作用和要求，了解有关后续加工工艺。划线时，应以工件上某一条线或某一个面作为依据来划出其余的尺寸线，这样的线（或面）称为划线基准。划线基准应尽量与设计基准一致，毛坯的基准一般选其轴线或安装平面作基准。确定划线基准后再进行操作。

准备划线工具。必须根据工件划线的图样及各项技术要求，合理地选择所需要的各种工具。每件工具都要进行检查，如有缺陷，应及时修整或更换，否则会影响划线质量。

对待划线工件进行清理。检查毛坯的误差情况，当工件形状、尺寸和位置有误差时，应确定借料的方案。清理毛坯上的飞边、型砂和氧化皮，已加工零件修钝锐边。

开始划线。正确放置待划线工件，使用准备好的画线工具，先划基准线和位置线，然后划加工线。即先划水平线，再划垂直线、斜线，最后划圆、圆弧和曲线。

划线后，仔细检查划线的准确性及是否有线条漏划，对错划或漏划应及时改正，保证划线的准确性。最后在需要冲眼的地方，用样冲在线条上冲眼。冲眼必须打正，毛坯面要适当深些，已加工而或薄板件要浅些，精加工面和软材料上可不打样冲眼。

3.3.1.3　划线应注意的问题

划线前应仔细阅读图纸要求，认真审图，了解工件尺寸、形状及公差要求。检查毛坯形状、尺寸和加工余量。划线的线条滑晰均匀，尺寸准确。立体划线应使长、宽、高三个方向的线条相互垂直。因为划线时线条要有一定的宽度，划线的精度不高，所以在加工时，应当注意尺寸的测量，可以使用精密的划线工具进行划线，以保证尺寸的准确。

3.3.2　锯削

钳工锯削操作是钳工主要的操作方法之一，具体是指钳工利用的锯削工具对工件或者材料进行锯切的一种切削加工方式。常用的锯削工具是手锯。

3.3.2.1 手锯及安装说明

手锯（图3-20）是由锯弓和锯条（图3-21）组成的。锯弓是用来安装和拉紧锯条的。根据所安装的锯条尺寸不同，锯弓分为固定式和可调式两种。固定式锯弓的弓架是整体的，可以安装一种尺寸长度的锯条，可调式锯弓通常可安装两到三种不同长度规格锯条。在钳工操作中，可调式手锯使用更加广泛。

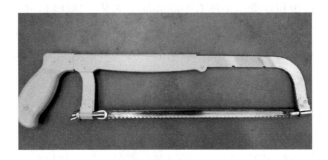

图3-20 手锯

图3-21 锯条

锯条安装时，首先应该根待锯削的材料及厚度选择合适规格的锯弓和锯条。安装锯条的夹头有两种：一种是固定的；另一种是活动的。两端夹头上有定位方榫，可以调整安装锯条的方向。安装锯条应该先在固定夹头上安装固定锯条的一端圆孔，后在活动夹头上安装。注意将锯条齿尖朝前，即朝向自己手握持锯柄的另一端方向。如果锯条装反方向，会导致锯削时用力不方便，工作不平稳，从而造成锯削困难（图3-22）。

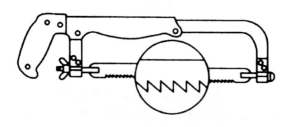

图3-22 锯条的正确安装方向

放好锯条后，旋紧螺母来控制锯条的松紧。螺母不宜旋得太松或是太紧。锯条太松，锯削时锯条容易扭曲变型，易折断，锯缝也很容易歪斜。锯条太紧，又可能导致其受到较大拉伸力时，很容易因较大的锯削力和受到锯缝中弯曲的阻力不平衡而发生较大弯曲，进而可能发生崩断。故安装锯条时，可以用手来扳动锯条来检测锯条的松紧。若手扭动锯条，锯条松垮或者僵硬扳不动，说明锯条太松或太紧；若手的感觉较为紧实，则安装完成。锯条安装后，要保证锯条平面与锯弓平面平行，否则再锯削时可能会因两平面的倾斜，导致锯缝歪斜。

3.3.2.2　钳工锯削操作

进行锯削操作时，首先将待加工工件或材料固定在台虎钳上，将待锯削的位置暴露出来。锯缝应和钳口一侧边缘平行，距钳口侧面约 10 mm。工件伸出钳口不宜过长，以免锯削时产生振动。锯削前应注意站立姿势，通常身体站立在台虎钳左侧，左脚向前半步，左腿自然弓步弯曲，右腿直立站稳，身体稍向前倾斜。左手握住锯弓前端，拇指压住锯弓，右手紧握锯柄。

放置好手锯后，开始起锯（图 3-23）。起锯时，手锯前端向下倾斜 10°～15°，左手大拇指可以按压在锯削的位置，锯条靠在拇指边缘，右手紧握手锯手柄，然后慢速推动手锯，推动幅度不要过长。待锯条锯削 2 mm 左右，左手不再按压材料，转而握住手锯前端，手锯改成水平方向，开始进入锯削操作。因为锯条的锯齿方向向前，手锯在向前推进时才起到锯削的作用，拉回时不起锯削作用。所以锯削时应该向前推进手锯时用力，回程时拉回。

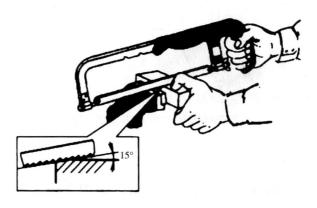

图 3-23　起锯

3.3.2.3　锯削过程中应注意的问题

锯削时速度不宜过快，每分钟往返不高于 40 次左右。锯削速度过快，易将锯齿磨钝，降低锯削效率。锯削硬材料时锯削速度相对慢一些，锯软材料可以快一点，同时锯削速度应该均匀。锯削时应充分地利用锯条长度，手锯的推进行程尽量长，一般应不低于锯条长度的三分之二。如果行程太短，不仅锯削效率低，而且容易造成锯条局部温度过高，锯齿磨损加快，甚至是锯条崩断。另外，锯削时应注意用力均匀，不能突然用力过猛，摆动幅度过大，以防止锯条突然地断裂而伤人。

锯削使用过程中常见的问题主要是锯缝歪斜和锯条断裂。锯条断裂的原因主要有：锯削时用力不均匀，用力突然过大；锯削较硬材料时未涂抹机油等润滑剂；锯条和锯弓平面不平行；锯齿磨损缺失或者锯条扭曲变形后未及时更换新的锯条；锯条未正确安装，过松或过紧等。锯削操作时应尽量避免操作不规范造成的锯条崩断，而产生安全问题。而锯缝歪斜往往是因为：工件未正确安装，锯缝与水平面不垂直；锯条安装过松或过紧；锯削时压力过大，使得锯条扭曲或左右摇摆等（图 3-24）。

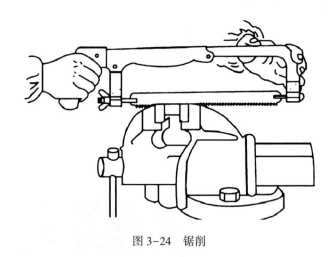

图 3-24　锯削

综合这些问题，锯削时应该做到小心慢锯，施力均匀，要多观察，多纠正，多调整，能根据工件材料，合理选择锯削速度和方法等规范操作。

3.3.3　锉削

用锉刀从工件表面锉掉多余的金属，使工件达到图纸上所需要的尺寸、形状和表面粗糙度，这种操作叫作锉削。锉削的范围较广，可以锉削内、外平面、曲面、内外圆弧面及其他复杂表面，也可用于成型样板、模具、型腔以及部件、机器装配时的工件修整等。锉削加工的精度可以达到 0.01 mm，表面粗糙度值 Ra 最小可以达到 0.8 μm。此外，钳工在装配过程中也经常用锉刀对零件进行修整。

3.3.3.1　锉刀的介绍

钳工使用的锉刀一般由碳素工具钢制造。锉刀是由锉刀面、锉刀边、锉刀柄等组成。锉刀按用途可分为普通锉、整形锉和特种锉三类。常用的是普通锉，它的规格一般以截面形状、锉刀长度、齿纹粗细来表示。

①按截面形状可分为：平锉、方锉、圆锉、半圆锉、三角锉等（图 3-25）。

②按工作部分的长度可分为：150、250、300、350 等不同锉刀。

③按齿纹可分为：单齿纹锉刀和双齿纹锉刀。

④按齿纹粗细可分为：粗齿、中齿、细齿和油光锉等（图 3-26）。

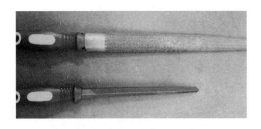

图 3-25　半圆锉和三角锉　　　　　　　图 3-26　粗、中、细平锉

3.3.3.2　钳工锉削操作

①锉刀的选择。进行锉削时，正确选用锉刀，可以提高加工质量，延长锉刀的使用寿命，提高锉削效率。因此，需根据加工工件的技术要求进行分析，来确定所需的锉刀。如根据工件加工面的大小和形状，确定所选锉刀的长度和截面形状。也可以根据工件材料的性质、加工余量、加工精度和表面粗糙度的要求来选择锉齿的粗、中、细规格。例如，加工工件材料软、加工余量大、加工精度低、表面粗糙度要求不高时应选用粗齿锉刀。

②装夹工件。锉削时工件夹持在虎口钳的钳口中部，将待锉削部分露出钳口上方，并略高于钳口 5 mm 左右。夹持工件已加工表面时，应在钳口与工件之间加垫铜皮或铝皮等，防止压坏其表面。

③锉刀的使用。锉削时应正确掌握锉刀的握法及施力的变化。锉削时人站立的位置应和台虎钳成 45°，左脚在前，腿部弯曲，身体略微前倾，右腿站直，姿势自然、放松。

在使用较大的锉刀时，右手握住锉柄，左手按压在锉刀前端，使其保持水平（图 3-27）；使用中或小型锉刀时，因用力较小，可用左手轻轻地握住锉刀的前端，以引导锉刀水平移动（图 3-28）。

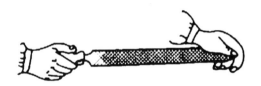

图 3-27　大型锉刀握法

图 3-28　中、小型锉刀握法

　　锉削时应始终保持锉刀水平移动，因此需要观察两手在锉削过程中的上、下的变化，控制两手的施力大小。进行时，左手压力大，右手压力小，锉刀推到中间位置时，两手的压力大致相等；再继续推进锉刀，左手的压力逐渐减小，右手压力逐渐增大。锉刀向后拉回时，手部不施加压力，以免磨钝锉齿和损伤已加工表面。

　　④锉削的方法。常用的锉削方法有顺向锉（图3-29）、交叉锉（图3-30）、推锉（图3-31）和滚锉。前三种锉法用于平面锉削，后一种用于弧面锉削。

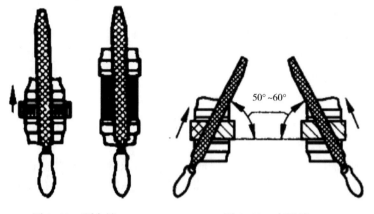

50°~60°

图 3-29　顺向锉　　　　　图 3-30　交叉锉

顺向锉是最基本的锉法，适用于平面较小且加工余量也较小的锉削。顺向锉可得到平直的锉纹，使锉削的平面较为整齐美观。交叉锉适用于粗锉较大的平面。由于锉刀与工件接触面增大，锉刀易掌握平稳，因此交叉锉易锉出较平整的平面。交叉锉之后要转用顺向锉法进行修光。推锉仅用于修光，尤其适宜窄长平面或用顺锉法受阻的情况。推锉时两手横握锉刀，沿

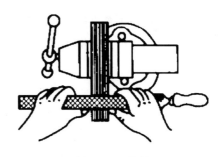

图 3-31　推锉

工件表面平稳地推拉锉刀，可得到平整光洁的表面。锉削平面时，工件的尺寸可用钢尺或游标卡尺测量。工件平面的平直及两平面之间的垂直情况，可用直角尺贴靠，用是否透光来检查。滚锉法用于锉削内外圆弧面和内外倒角。锉削外圆弧面时，锉刀除向前运动外，还要沿工件被加工圆弧摆动；锉削内圆弧面时，锉刀除向前运动外，锉刀本身还要做一定的旋转运动和向左移动。

3.3.3.3　锉削过程中应注意的问题

锉削操作时，锉刀必须装柄使用，以免刺伤手心。锉削过程中会产生较多的热量。为保证锉削效率，锉削速度不宜过快，锉削的速率一般为每分钟 30～50 次即可。由于虎钳钳口淬火处理过，不要锉到钳口上，以免磨钝锉刀和损坏钳口。不要用手去摸锉面或工件，以防被锐棱刺伤等。同时防止手上油污沾上锉刀或工件表面，使锉刀打滑，造成事故。锉下来的屑末要用毛刷清除，不要用嘴吹，以免屑末进入眼内。锉面堵塞后，用钢丝刷顺着锉纹方向刷去屑末。锉刀放置时，不要伸出工作台之外，以免碰落摔断或砸伤脚背。

3.3.4　孔加工

孔的加工即钳工用钻头在实心材料上加工孔的方法称为钻孔。用麻花钻钻孔时，钻头转速高，切削量大。对孔进行扩孔或倒角时，可以选用铰刀或锪刀对孔进一步加工。

3.3.4.1　孔加工刀具介绍

钻孔加工的主要刀具有麻花钻、中心钻、铰刀、锪刀等。

1. 麻花钻

麻花钻是通过其相对固定轴线的旋转切削以钻削工件的圆孔的工具（图 3-32），因其容屑槽成螺旋状而形似麻花而得名。螺旋槽有 2 槽、3 槽或更多槽，但以 2 槽

最为常见。麻花钻可被夹持在手动钻孔工具上，也可以安装在钻床、铣床、车床等设备上使用。钻头材料一般为高速工具钢或硬质合金。

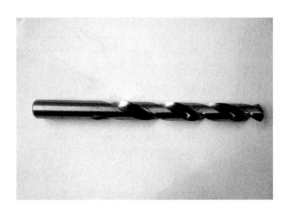

图 3-32　麻花钻

麻花钻因其自身的形状，加工孔径时也存在一些问题。麻花钻的直径受孔径的限制，螺旋槽使钻芯更细，钻头刚度低。钻头上有两条棱带导向，孔的轴线容易偏斜。钻头的横刃使定心困难，轴向抗力增大，钻头容易摆动。因此，钻出孔的形位误差较大。在切削条件很差时，钻头主切削刃上各点的切削速度不相等，容易形成螺旋形切屑，排屑困难。因此切屑与孔壁挤压摩擦，常常划伤孔壁，加工后的表面粗糙度较低，而且主切削刃切削速度大、容易磨损，影响钻孔效率。

2. 中心钻

中心钻是孔加工中的常用刀具，它主要用于钻中心孔（图 3-33）。用于麻花钻钻孔时，可以使用中心钻提前预钻定心孔或定位孔，引导麻花钻进行孔加工，减少误差。

图 3-33　中心钻

　　中心钻常用的有两种型式。A 型：不带护锥的中心钻；B 型：带护锥的中心钻。钳工使用时可以根据被加工零件的孔型及直孔尺寸合理选用中心钻的型号。使用中心钻时，应该注意其刃口的磨损情况，及时修复或者更换。在使用过程中，可以根据加工对象的不同选择使用切削液，用于刀具冷却和降低刀具磨损等。

　　3. 铰刀

　　铰刀是具有一个或多个刀齿，用以切除已加工孔表面薄层金属的旋转刀具，铰刀具有直刃或螺旋刃的旋转精加工刀具，用于扩孔或修孔。铰孔主要作为钻头钻孔后的扩孔精加工，也可用于磨孔等加工。铰刀铰孔加工可以提高孔的尺寸精度和形状精度，减小其表面粗糙度值（图 3-34）。

　　铰孔时，铰刀的中心与孔的中心应尽量保持重合，并选择适当的铰削量。铰孔精度要求高时，应严格检查铰刀尺寸，确定铰孔的加工余量。铰盲孔或深孔时，应多次退出铰刀，排除切屑。铰孔过程中铰刀不可倒转，或停转后再退出，以免损坏铰刀。

图 3-34　铰刀

3.3.4.2　钳工孔加工的操作

　　1. 钻头钻孔

　　首先在钻夹头上安装钻头。对于直柄钻头，钻头插入时尽可能夹持部分长一些。操作时一手拿着钻夹头，一手将钻头放进钻夹头中间，慢慢锁紧夹头。开始夹紧后，可以旋转钻头，反复调整钻头在夹头上的位置，确保其处在钻夹中心。然后使用钻帽钥匙用力锁紧钻夹头，并旋转钻床主轴，查看钻头的跳动情况。如果跳动过大，须将钻头拆下，重新进行安装。

　　将划好基准线的工件放置在工作台上，并用样冲在十字中心线上冲眼。按照孔径的大小，使用划规划出基准圆。放置工件于钻床工作台上，待打孔的平面朝上固定夹紧在钳口上。

　　起钻时，首先用角尺将工件与钻头校对垂直。转动钻头，使钻头对准钻孔中心，钻出一浅坑。使用刷子清理切屑后，观察钻孔的位置是否准确。操作过程中要不断观察校正，逐步达到准确的位置。

　　开始钻孔。操作台钻，控制钻头转速和进给速度。进给时，进给用力不应过大，致使钻头弯曲，孔轴线歪斜。进给过程中要时常退钻排屑。可以使用切削液进行冷却和润滑。

2. 铰孔和锪孔

钻孔完成后，根据孔的加工尺寸、精度要求，实时地选择进行铰孔。可通过铰孔来提高孔径的尺寸精度和孔的粗糙度。

将钻头取下，以相同的方式将铰刀安装在钻夹头上，此时工件不得改变在台钻工作台上的位置。启动钻床，对孔进行铰孔加工。在铰孔开始时，进给力要小，进给速率要缓慢。铰刀慢速地开始进入孔中，之后匀速向下进给。整个铰孔过程都可以使用切削液，以提高孔的粗糙度，降低摩擦力，减少产生的热量。

完成铰孔后，将钻床停止。检查铰孔后孔加工的结果是否满足尺寸要求。可以使用游标卡尺等工具进行测量。如果满足，即可将铰刀卸下。对于螺纹孔，可以继续在钻床上安装锪刀，对孔口处倒角，方便之后进行丝锥攻螺纹时，丝锥能顺利地进入并完成攻丝操作。

3.3.4.3 孔加工时应注意的问题

选择钻头时，挑选切削刃锋利的钻头，不允许有崩刃、裂痕、腐蚀等缺陷。在钻夹头上安装钻头时，钻头伸出量不能过长。夹紧后，可以先转几圈钻头，校正其跳动。钻孔时为防止产生大量切削热，深孔钻或盲孔钻时，应注意使用切削液。同时，进给一定量后，要及时退刀断屑，提高孔径质量和钻头等工具的使用寿命。孔加工过程中，学生应注意戴好护目镜、以防操作失误，身体受伤。

3.3.5　螺纹加工

螺纹加工分为内螺纹加工和外螺纹加工。加工内螺纹常用的是丝锥，外螺纹的加工较常用的工具是板牙。

3.3.5.1　螺纹加工工具介绍

1. 丝锥

丝锥是一种加工内螺纹的工具，按照形状可以分为螺旋槽丝锥（图 3-35）、直槽丝锥（图 3-36）和管用螺纹丝锥等；按照使用环境可以分为手用丝锥和机用丝锥；按照规格可以分为公制丝锥、英制丝锥等。丝锥是制造业操作者在攻丝时较常使用的加工工具。

手动攻丝时，丝锥需要安装在铰杠上（图 3-37）。铰杠上可以安装多种型号范围的丝锥。加工直槽丝锥较为容易，经济效益较高，但是其精度相对较低，切削速度较慢。手丝锥一般是由碳素工具钢或合金工具钢为材质制作而成。通常，丝锥由工作部分和柄部构成。工作部分又分切削部分和校准部分，前者磨有切削锥，担负切削工作，后者用以校准螺纹的尺寸和形状。

图 3-35　螺旋槽丝锥

图 3-36　直槽丝锥

图 3-37　铰杠

直槽丝锥通用性最强，加工通孔或不通孔、各种材质金属均可加工。其制作相对简单，价格也便宜。一般在普通车床和钻床的螺纹加工中常用的是直槽丝锥。

螺旋槽丝锥比较适合加工不通孔螺纹，加工时切屑向后排出。加工黑色金属时，多选择螺旋角较小的丝锥。加工有色金属时，选择螺旋角大的丝锥。

2. 板牙

板牙是用来加工外螺纹的常用手工工具（图 3-38）。它可装在板牙扳手中用于手工套螺纹，也可装在板牙夹头上在机床上使用。板牙的螺孔周围制有排屑孔，一般在螺孔的两端磨有切削锥。板牙按外形和用途分为圆板牙、方板牙、六角板牙和管形板牙。其中以圆板牙应用最广。由于结构简单、使用方便，板牙仍得到广泛应用在单件、小批生产和修配等过程中。

图 3-38　不同规格板牙

3.3.5.2 钳工螺纹加工的操作

1. 内螺纹加工

进行内螺纹手工攻丝时，先将丝锥安装在铰杠上，固定好位置，锁紧螺母。将待加工的孔端面朝上，固定在钳口上。插入头锥使丝锥中心线与钻孔中心线一致。两手均匀地旋转铰杠，并施加压力使丝锥进刀。进刀过程中，须时常停下，反复检查，确保丝锥中心线与钻孔中心线一致。待进刀之后，不必再加压力，转动铰杠进行攻丝操作。丝锥进给过程中，应适时进行反转退刀，排除切屑，以免阻塞。如果丝锥旋转困难时不可盲目增加旋转力，否则丝锥会折断在孔中。攻丝过程中，向丝锥或孔内加注一些润滑油等，来提高攻丝时的排屑能力，减小进给阻力，提高攻丝效率（图3-39）。

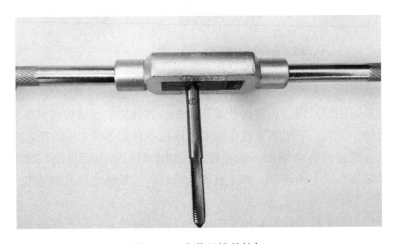

图 3-39 安装丝锥的铰杠

2. 外螺纹加工

进行外螺纹手工套丝时，先将板牙安装在板牙扳手上，固定好位置，锁紧螺母。将待加工螺纹的一端平面朝上，固定在钳口上。套上板牙，使板牙扳手与钻孔中心线垂直。两手均匀的板牙扳手，并施加压力使板牙进刀。进刀过程中，须时常停下，反复检查，确保板牙扳手与钻孔中心线垂直。待进刀之后，不必再加压力，转动板牙扳手进行攻丝操作。板牙进给过程中，应适时进行反转退刀，排除切屑，以免阻塞。如果板牙扳手旋转困难时不可盲目增加旋转力，否则板牙容易卡在工件上，造成板牙损伤。在套丝过程中，可以使用润滑油等，减小套丝阻力，增强排屑能力，提高效率（图3-40）。

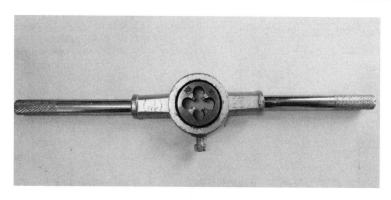

图 3-40　安装板牙的板牙扳手

3.3.5.3　螺纹加工时应注意的问题

使用丝锥攻丝时，端面孔口要倒角，丝锥要与工件的孔同轴，攻丝开始时应施加轴向压力，使丝锥切入，切入几圈之后就不再需要施加轴向力。当丝锥校准部分进入螺孔后，要经常退出丝锥进行排屑。

使用板牙套丝时，工件端部要倒角，扳牙端面应与工件轴线垂直；套丝开始时要施加轴向压力，转动压力相应得要大一些；当板牙在工件上切出螺纹时，就不要再加压力。套丝时为使切屑碎断，排出及时，应经常地反转板牙。

待加工螺纹的工件应牢固地固定在夹具上，如果发生丝锥折断，不要用手直接去触摸，可以用夹錾剔出。螺纹加工时，学生须戴好护目镜。

3.4　钳工实训实例

钳工实践训练以小榔头的制作作为实训案例。小榔头制作过程中基本上会使用到钳工一般常用的大部分工具、量具和手工设备，是一个比较常见的钳工实训练习实例。其有助于提高学生动手操作，实践能力，并在实践练习中掌握钳工常用设备、工具和量具的使用方法，最终可以系统地、全面地掌握钳工操作的一般技能方法。下面是制作小榔头是简要操作过程。

3.4.1　识图

首先，我们看一下小榔头的加工图纸及要求，如图 3-41 所示。

根据在图纸上的尺寸标注，我们首先要注意到以下内容，工件材质、工件尺寸、尺寸精度和表面粗糙度等。然后我们准备材料：我们使用的毛坯材料是铝合金

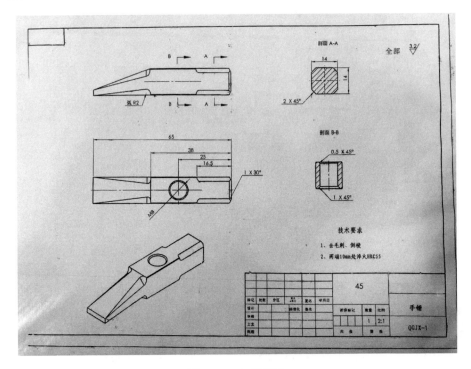

图 3-41   加工样图

棒（图 3-42），它的直径是 20 mm，长 100 mm。我们用到的操作设备和工具有工作台、台虎钳、手锤、手锯、不同规格的锉刀、划针、划规、样冲、台钻、φ6.9 钻头、M8×1.0 丝锥、M8×1.0 板牙、铰杠等。量具还有钢直尺、游标卡尺、千分尺、宽座角尺、划线高度尺、万能角度尺等。

图 3-42   20 mm 的铝合金毛坯棒料

3.4.2   加工

3.4.2.1   毛坯材料的准备

我们将毛坯材料放置在工作台上，并以毛坯材料的一端为基准面，用钢直尺在毛坯棒料上测量一段 67 mm 的长度，并用划针划线。之后我们将铝合金棒固定在台虎钳上，夹持时先施加一定的力，以便将棒料固定在钳口上。同时将要锯削的部分伸到台虎钳的左侧外，划线位置距离钳口左侧 10 mm 处。然后低下身体，视线与材料上平面处于同一水平。用小锤轻轻地敲打毛皮材料，使其水平地固定在台虎钳上。旋转台虎钳扳手，拧紧动钳口，如图 3-43 所示。

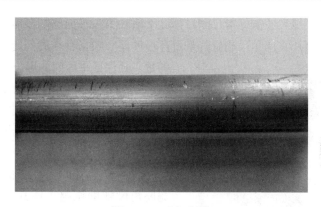

图 3-43　毛坯划线

然后就可以使用手锯进行锯削。锯削时按照之前讲到的注意点，首先开始起锯。左手大拇指按在锯缝划线的位置，锯条贴在拇指边。手锯小幅度、慢速地进行锯削。当锯削出 2 mm 时，改为双手同时握住手锯，左手握住手锯前端，拇指压好锯弓。右手（惯用手）握住手柄。锯条前端向下倾斜 20°起锯。前推进行锯削，然后将锯条拉回，反复锯削。锯削时要拉满锯，即整个锯条都要工作，都要进行锯削。锯条平面、锯弓平面平行和锯缝同水平方向。锯削一部分后，将手锯水平放置，开始正式锯削，提高效率。

完成锯削毛坯后，观察锯削的断面，将锯削的断面进行去毛刺，防止受伤。用钢板尺测量毛坯的有效长度。满足要求后，将毛坯材料继续固定在台虎钳上，并调整好水平。

3.4.2.2　锉削四个平面

将锯好的毛坯材料调整好水平后，将待锉削的部分漏出在台虎钳口上方，固定在台虎钳上，准备锉削。锉削时注意，锉刀应保持水平，进行推进锉削。先选择粗锉，进行快速、高效地粗加工。粗加工后的锉削平面宽度到达 14.5 mm 后，选择中锉、细锉继续锉削，直至锉削出满足要求的平面粗糙度的平面。将工件取下，去掉毛刺，在钳口处用钢刷把锉削下来的粉末刷掉。将毛坯件旋转 90°，即将刚锉削好的平面贴在台虎钳定钳口，以第一个锉削好的平面为基准平面。同样将毛坯件水平放置在台虎钳，继续进行锉削第二个平面。待锉削完第二平面后，将毛坯件取下，用宽座角尺检查第一平面和第二平面的垂直度。将其一起聚向灯光处或窗外，观察角尺两边与刚锉削好的两平面间是否有缝隙。如有观察到两接触面处有漏光，说明锉削两平面的平行度或垂直度存在误差。仔细测量后，将有偏差的平面重新固定在台虎钳上，继续锉削，直至加工出的两平面垂直。检查合格后，将毛坯件旋转 180°，以便锉削第三个平面（第三平面和第二平面为平行平面）。锉削时，应根据剩余锉削量情况，时常有千分尺或游标卡尺测量第二平面和第三平面间的厚度。在第三平面锉削完成前，同样应用宽座角尺测量其是否存在偏差。根据存在的问题，继续调整锉削的量，并保证平面间的形位误差。待第三平面锉削完成后，开始锉削最后一个平面，即第四个平面。第四平面的锉削要求跟第三的平面一样。最终锉削出一个断面尺寸为 14 mm×14 mm 的长方体。

图 3-44　锉削平面

将刚锉削好的毛坯件的一端朝上，用宽座角尺辅助调整，使其垂直地固定在台虎钳上，并用锉刀锉削出光滑平面。再继续用宽座角尺检查其是否与之前锉出的四个平面垂直。如存在误差，则继续锉削，直至满足要求（图 3-44）。

3.4.2.3　划线

图 3-45　高度尺划线

将毛坯件放置在工作台上，根据图纸上的尺寸，并选择锉削好的平面为基准平面，用高度游标卡尺进行划线（图 3-45）。分别对应地划出 1 mm、2 mm 用于做倒角的基准线。划出 38 mm、65 mm 用于做榔头尖斜边的参考点。用划线高度尺在榔头一侧的螺纹孔位置，分别基于不同参考平面划出 6.5 mm 和 25 mm 两条基准线，用于之后打孔操作。对于榔头尖的倾斜平面，可以借用钢板尺按压住待划线的两点间，将划针尖抵住钢板尺边缘，划针向外倾斜 15°左右，划出待锯削的基准线。

3.4.2.4　加工榔头尖斜面

将划好线的毛坯件固定在台虎钳右侧，划线位置伸出钳口外，并使划线垂直水平的位置，将毛坯件固定好。继续用手锯进行沿着基准线锯削，锯削时注意不要锯缝应该在基准线外侧，为之后的锉削留有余量。完成后将工件锯口位置的毛刺去掉。取下工件，并将刚锯好的平面朝上放置，之前划的基准线应保持水平，重新固定在台虎钳上。根据待锉削的余量选择合适的锉刀。锉削结束后，根据图纸要的要求，对斜面进行倒角。最后完成此平面的加工（图 3-46）。

3.4.2.5　倒角

根据图纸上的要求，和之前划好的基准线，对毛坯件进行倒角操作（图 3-47，图 3-48）。倒角时，因为锉削余量已经较小，此时应选用中锉或者细锉进行锉削。锉削时，应勤于观察锉削后的余量情况，以免锉削过

图 3-46　加工后的斜面

大，造成倒角偏大，无法再修复。用中锉锉削时，应该为细锉锉削留一定余量。最后用细锉进行锉削，直至完成倒角操作。需注意的是，在图纸上为标注的棱边，也应该进行倒钝处理，以免在手触摸时被锋利的棱边划伤。

图 3-47　倒角锉削

图 3-48　完成倒角

3.4.3　打孔和攻内、外螺纹

3.4.3.1　打孔

打孔前，先将待打孔平面朝上放置在工作台。用样冲和手锤在之前划好基准线的交点位置打点。然后用划规划出检查圆，以便钻孔时检查。样冲打点可以起到帮助钻头准确落钻定心的作用。工件采用平口钳装夹，毛坯件装夹时，其表面应与平口钳的钳口平行。然后将其一起正确固定在台钻工作台上。将 $\phi6.9$ mm 的直柄麻花钻安装在台钻夹头上，用锁紧扳手夹紧。

开始起钻。将钻头转速设置为 300 r/min，先使钻头对准孔的中心钻出一个浅坑，观察定心是否正确，并且要不断校正，以便找准基准点，使浅坑与检查圆同心。钻孔时可以使用少量的切削液来减少摩擦，降低产生的切削热，避免产生黏附

在钻头和孔径上的积屑瘤，提高孔表面的加工质量，提高钻头的使用寿命。起钻时要保证孔的位置度。如果发现孔的位置有偏差，需马上停下来纠正。偏移量如果较大，则需要重新起钻。正常起钻后，手动操作钻床手柄，进行钻孔操作。钻孔时，进给力要适当，并经常退钻排屑，以免切屑阻塞内孔而折断钻头。当把毛坯件钻透时，注意要及时减少进给力，以免进给量过大，造成事故。完成钻孔操作后，应检查孔的两端，测量两端孔的位置是否有偏差。使用锉刀等去除多余的毛刺。

3.4.3.2 攻内、外螺纹

攻螺纹即指利用丝锥或者板牙，辅以其他工具进行内螺纹或外螺纹的加工。

1. 倒角操作

内螺纹加工前，需要在两面孔口处进行倒角操作。倒角处直径率大于螺纹大径，这样丝锥更方便进入。孔口处的倒角可以用锪刀或使用直径较大的麻花钻来完成。倒角的尺寸精度要求不高，可以通过目测来粗略控制，或者通过钻床的刻度值控制。

倒角前，先将工件装夹在平口钳上，并调整水平。利用钻床上的钻头来定心，然后固定平口钳。将钻头换成 $\phi10$ 的钻头或者同尺寸的锪刀，安装在台钻夹头上。开启台钻，操作手柄时，进给要稳定，速度不宜过快，完成倒角。

2. 内螺纹加工

将 M8×1.0 的丝锥安装在可调式铰杠上，进行内螺纹攻丝。攻螺纹时，两手握住铰杠中部，均匀用力，使铰杠保持水平转动，并在转动过程中对丝锥施加垂直压力，使丝锥切入孔内 1~2 圈。利用角尺，检查丝锥与毛坯表面是否垂直。若不垂直，丝锥要重新切入，直至垂直。深入攻螺纹时，两手紧握铰杠两端，正转 1~2 圈后反转半圈。在攻螺纹过程中，不仅要经常退出丝锥，清除切屑，还要经常用刷子对丝锥加注润滑油。攻丝完成后，将丝锥轻轻倒转，退出丝锥（图 3-49）。

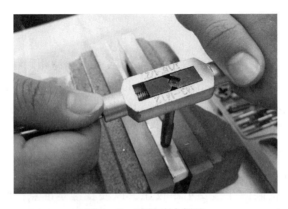

图 3-49　丝锥攻内螺纹

3. 外螺纹加工

为使得套螺纹更顺利地进行，可以选择细锉对预先准备好的毛坯棒料 ϕ7.8 mm 的一端，进行锉削处理，即对其端面边缘进行倒角处理。处理时将毛坯棒料待套螺纹的一端朝上，垂直固定在台虎钳上。使细锉面与毛坯端面成45°，手握锉刀围绕端面边缘进行锉削。锉削力要小，目测锉削一定的量即可（图3-50）。

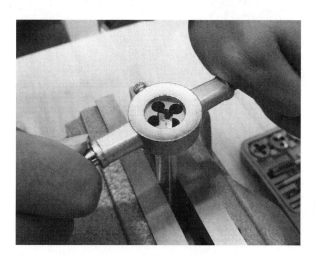

图3-50　板牙套外螺纹

将 M8×1.0 的板牙安装在板牙架上，对榔头手柄外径进行套螺纹加工。攻螺纹时，两手握住板牙架中部，均匀用力，使板牙架保持水平转动，并在转动过程中对板牙架施加垂直压力，使板牙缓慢旋入孔内1~2圈。利用角尺，检查板牙架与手柄毛坯表面是否垂直。若不垂直，板牙要取下后再重新切入，直至垂直。深入攻螺纹时，两手紧握板牙架两端，正转后反转，反复进行攻丝和退丝。在攻外螺纹过程中，同样也要经常退出丝锥，清除切屑，经常用刷子对板牙中间加注一点润滑油。套螺纹完成后，将板牙架轻轻倒转，退出板牙。

3.4.4　完成小榔头加工

将套螺纹后的手柄，旋进小榔头的带螺纹的孔里。旋转力要轻，可以在旋转时加入机油灯润滑剂。装配完成后，需要继续对整个小榔头进行去毛刺等处理。可以使用砂纸等工具进行打磨，使小榔头的各个棱角都倒钝，提高各个表面的表面粗糙度，以免划伤皮肤。最后完成小榔头的组装（图3-51）。

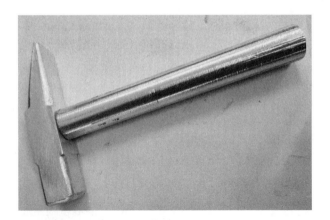

图 3-51　小榔头

第 4 章　3D 打印

4.1　3D 打印简介

4.1.1　3D 的定义和特点

3D 打印是一种快速成型技术（rapid prototyping，简称 RP），是以数字模型文件为基础，采用材料逐渐累加的方法制造实体零件的技术，是一种"自下而上"的制造方法。与传统制造技术相比，3D 打印能够让设计师在很大程度上从制造工艺和装备的约束中解放出来，更多关注产品的创意创新和功能性能。

3D 打印不是一个新事物，它的概念出现于 19 世纪末的美国，甚至比互联网还早。其在 20 世纪 80 年代开始发展，最近几年由于互联网推动 3D 打印的"软件核心"–"数字模型"的高速发展，新材料技术的进步和技术的革新，使得 3D 打印机的成本不断下降，3D 打印的黄金时代正式到来。2012 年英国《经济学人》杂志制作专题认为当今工业领域正在经历第三次革命，这次革命是互联网和新材料、新能源相结合的工业革命，3D 打印技术作为"第三次工业革命的重要标志"，将成为改变未来世界的创造性科技。

传统的加工方式采用的是减材制造和等材制造技术。例如，车削、铣削加工，是典型的减材技术；锻造、铸造是等材加工。3D 打印是一种增材制造（additive manufacturing，AM），它的原理是依据计算机设计的三维模型（也可以是通过逆向工程获得的计算机模型），将复杂的三维实体模型切成设计厚度的一系列片层，逐层加工，层叠增长。

传统加工方式从原材料到成品，经过毛坯、粗加工、精加工等多个工序，根据产品的复杂程度不同，需要车床、铣床、刨床、加工中心等多种设备。3D 打印技术不需要刀具、夹具、磨具以及多道工序，对于制造一个形状复杂的物品，并不会比简单的物品消耗更多的时间和成本。3D 打印满足研制低成本短周期需求，有助于促进生产过程从平面思维向立体思维的转变，适合传统加工方式无法加工的极端复杂的几何结构，小批量或个性化产品的快速制造。

4.1.2　3D 打印的分类

按照成型工艺、加工材料两种不同的分类方式对 3D 打印技术进行分类。

4.1.2.1　按成型工艺分类

①基于激光或其他光源的成型技术。其包括光固化成型（SLA）工艺、选择性激光烧结成型（SLS）工艺、选择性激光熔融成型（SLM）工艺、电子束熔融成型（EBM）工艺和分层实体制造（LOM）工艺等。

②基于喷射的成型技术。其包括熔融沉积制造（FDM）工艺、三维印刷成型（3DP）工艺等。

4.1.2.2　按加工材料分类

按加工材料对 3D 打印技术进行分类，分为液态材料、固态材料和粉末材料。常用的打印方式按以上三类的归属见表4-1。对其中几种常见的工艺进行介绍。

表 4-1　3D 打印的分类

材料形态	成型工艺	打印材料
液态材料	液态树脂光固化成型（SLA）	光敏树脂
	数字光处理（DLP）	光敏树脂
	三维印刷成型工艺（3DP）	聚合材料，蜡
	熔融沉积制造工艺（FDM）	热塑性材料、低熔点金属、食材
固态材料	分层实体制造工艺（LOM）	纸、金属膜、塑料薄膜
粉末材料	电子束熔融成型法（EBM）	钛合金、不锈钢等
	选择性激光熔融成型工艺（SLM）	钛合金、钴铬合金、不锈钢等
	选择性激光烧结成型工艺（SLS）	热塑性塑料颗粒、金属粉末、陶瓷粉末

1. 液态树脂光固化成型工艺（stereo lithography appearance，简称 SLA）

利用特定强度的激光聚焦照射在光固化材料的表面（材料主要为液态树脂），使之点到线、线到面的顺序完成一个层上的打印工作，每一层固化完成后，工作台移动一个层厚的高度，在之前固化的树脂表面再铺上一层新的光敏树脂进行循环扫描和固化，如此反复，直至完成作品。世界上第一台 3D 打印机采用的就是 SLA 工艺。

SLA 是最早被商业化的快速成形技术，成型速度快，具有较高精细度和表面质量，比较适合制作小件及精细件。其缺点是成本较高，而且其原料液态光敏树脂具有毒性，对人体有危害性。

2. 选择性激光烧结成型工艺（selective laser sintering，简称 SLS）

其采用高能激光器作能源，使用粉末作为造型材料。首先铺一层粉末，将材料预热到接近融化点，再使用高强度激光器有选择地在该层界面上扫描，使粉末温度升至融化点，然后烧结形成黏结，去掉多余的粉末即可获得产品原型。SLS 制造工艺简单，材料选择范围广，包括塑料、金属、陶瓷、沙等粉末材料；材料价格便宜利用率高，没有烧结的粉末保持原状可作为支撑结构；成型速度快；主要应用于铸造业，并且可以用来直接制作快速模具。

3. 选择性激光熔融成型工艺（selective laser melting，简称 SLM）

SLS 通过激光对材料粉末进行照射，将其中特殊添加材料融化使之起到黏结剂的作用，从而将金属粉末结合成型实现金属打印。SLM 技术是通过激光器对金属粉末直接进行热作用，使其完全融化再经过冷却成型的技术。

虽然两种技术的原理都是利用激光束的热作用，但由于作用对象不同，所使用的激光器也有所不同。SLS 技术一般是波长较长（9.2～10.8 μm）的 CO_2 激光器。SLM 技术为了更好地融化金属需要使用金属有较高吸收率的激光束，所以一般使用的是 Nd-YAG 激光器（1.064 μm）和光纤激光器（1.09 μm）等波长较短的激光束。

材料上，两种技术有着很大的区别。SLS 所使用的材料除了主体金属粉末外还需要添加一定比例的黏结剂粉末。黏结剂粉末一般为熔点较低的金属粉末或有机树脂等，混合粉末会影响烧结件的强度。而 SLM 技术一般使用的是纯金属粉末，因而力学性能与成型精度上都要比 SLS 好一些。

4. 分层实体制造工艺（laminated object manufacturing，简称 LOM）

采用激光束，将单面涂有热熔胶的纸、塑料薄膜、陶瓷膜、金属薄膜等切割成产品模型的内外轮廓，同时进行加热，使刚切好的一层和下面已切割层黏结在一起。切割掉的材料仍留在原处，起支撑和固定的作用。每层如此循环，逐层反复地切割与黏合，最终叠加成整个产品。

5. 熔融沉积制造工艺（fused deposition modeling，简称 FDM）

采用热熔喷头装置，使得熔融状态的塑料丝材，在计算机控制下，按模型分层数据控制的路径从喷头挤出，并在指定的位置沉积和凝固成型，经过逐层沉积和凝固后，形成整个零件的加工过程。

6. 三维印刷成型工艺（three-dimension printing，简称 3DP）

在工作仓中均匀地铺粉，再用喷头按指定路径将液态的黏结剂喷涂在粉层上的指定区域，随着工作仓的下降逐层铺粉并喷涂黏结剂，待黏结剂固化后，去除多余的粉末材料，即可得到所需要的产品。

4.1.3 3D打印应用行业

3D打印在工业产品设计、航空航天、医疗教育建筑、汽车、食品等很多领域取得了广泛的应用，只要有合适的原材料，能够在计算机上进行造型，都可以通过3D打印来实现。

教育行业随着3D打印的加入，课本的内容更加立体化，提高了课堂学生的参与度。机械课堂可以创建出涡轮发动机的模型，直观地表达工作原理；医学课堂可以打印人体和内脏器官的剖面结构；历史课堂，可以让文物穿越几千年展现眼前。除此之外，3D打印更大激发了学生的创新意识和创意灵感。

在考古文化保护领域，博物馆等比例或者缩放打印文物原型，让文物保护和文化推广鱼和熊掌可以兼得。对于研究人员而言，3D模型既保留了原有特征，又使尺寸更方便进行研究。图4-1是初唐时期敦煌石窟的代表窟之一第57窟的3D打印复制作品，通过三维数字化扫描，并采用轻量化3D打印技术，高精度地复原了洞内壁画的色彩及细节，再现了初唐时期莫高窟艺术特色。

图4-1　考古文保领域的应用

在医学上，特别是修复或康复性医学领域，很多辅助性产品都需要个性化定制。例如，图4-2中辅助治疗中的医疗装置：牙齿矫正器、助听器、外骨骼、义肢等。其甚至可移植器官，借助于生物材料、干细胞、组织培养等方面的突破，也可由3D打印实现。

建筑设计师通过3D打印机打印建筑模型和沙盘模型，降低了从构思设计到实现的经济成本和时间成本。在广州，中建股份技术中心和中建二局华南公司联合打印完成两层办公小楼，如图4-3所示，建筑面积230 m²，总高度7.2 m，建成后可用于办公和展示，房屋寿命达30~50年，施工工期从传统建筑工艺的60天缩短为5天，还节省了一大半以上的人工和20%的建筑材料，打印一栋整体房子可以节省

图 4-2　医疗领域的应用

30%~50% 的成本。美国 NASA 资助了一项太空 3D 打印建筑的计划——奥林巴斯计划（Project Olympus），旨在开发一种利用月球表面发现的材料创建 3D 打印基础设施的方法，以便在月球上生活。由建筑 3D 打印公司 ICON、建筑公司 BIG、太空初创公司 SEArch+ 与 NASA 马歇尔太空飞行中心合作，共同探索月球土壤模拟物的增材制造。

图 4-3　建筑领域的应用

　　航空工业应用的 3D 打印主要集中在钛合金、铝锂合金、超高强度钢、高温合金等材料加工方面，这些材料基本都具有强度高、化学性质稳定、不易成型加工、传统加工工艺成本高昂等特点。国内外企业和研究机构利用 3D 打印不仅打印出了飞机、导弹、卫星、载人及货运飞船的零部件，还打印出了发动机、无人机、微卫星等航空航天领域整机，在成本、周期、重量等方面取得了显著效益，充分显示了3D 打印技术在该领域的应用前景（图 4-4）。

图 4-4　航空工业领域的应用

随着 3D 打印的出现以及被广泛应用，极大地丰富了艺术家的创作方式。知名运动品牌球鞋用 3D 打印技术制作基板（鞋底），新鞋重约 30 克，使运动员获得更快的速度和更大的冲力。道具设计师们正在采用 3D 打印机来制作许多道具和化妆效果，科幻道具是好莱坞目前使用 3D 打印机制作最多的物品。电影《十二生肖》中也向观众展示了超前的 3D 打印技术的魅力，主人公使用手套对兽首进行扫描，获得的数据直接存储在电脑内，经过 3D 建模、3D 打印，最终呈现一个完美的复制品。艺术家将天马行空的创意思维与 3D 打印技术相结合，将复杂多变的创意快速打印成模型，造就了令人惊叹的艺术作品（图 4-5）。

图 4-5　艺术文创领域的应用

4.2　3D 打印的流程

建模的过程分为建模、切片、打印和后处理几个步骤，如图 4-6 所示。

图 4-6　3D 打印过程示意图

建模过程通过正向或逆向工程，实现要创建的模型的计算机电子化。下一步将创建的计算机模型利用切片软件转化为加工代码信息，对打印机进行参数设置。第三步选择合适类型的打印机进行逐层加工制作。最后对打印出来的模型进行后处理。

4.2.1　建模

4.2.1.1　建模方式

如果要把想法转化成现实，需要做的第一步就是数字化，也就是建模。建模的方式，可以选择正向或逆向设计。

1. 正向设计

通过一些数据信息、图片、草图、图纸等信息，使用 CAD 软件进行 2D 转换 3D，或者直接 3D 建模，对于初学者也可以免费或付费使用在线模型数据库，在已有的基础上直接使用或进行修改。

图 4-7 展示了几款常用的设计建模软件，如 THIKERCAD、AutoCAD、3DsMAX、SolidWorks、ZBrush、FUSION360、MAYA、SketchUp 等，建议初学者从 THINKERCAD、openscad、AutoCAD 等简单建模软件开始入门。

图 4-7　常用的建模软件

2. 逆向设计

逆向设计是对已有产品（样品或模型）进行三维扫描或自动测量，再由计算机生成三维模型。每种方式也都有丰富的软件去实现，图 4-8 展示了几款常用的设计建模软件，如 IMAGEWARE、geomagic、rapidform、CopyCAD 等。

图 4-8　常用的逆向建模软件

建模完成后将文件保存为通用的 .STL 文件，STL 出自单词 stereolithography，是光固化立体成形的意思，这种文件格式是由美国 3D SYSTEMS 公司在 1988 年制定的一个接口协议。STL 文件具有两种格式：二进制和 ASCII，二进制格式文件要比后者小得多，因此文件格式一般选择二进制。另外要保证模型没有流动错误的水密的网格，水密最好的解释就是无孔的有体积固体。

4.2.1.2　AutoCAD 软件介绍

其为计算机辅助设计，即 computer aided design，英文简称 CAD，概念产生于 20 世纪 60 年代，是美国麻省理工学院提出的交互式图形学的研究计划，是将人和计算机的优势特性相结合，辅助进行产品设计与分析的技术。随着科技的发展，CAD 技术已广泛应用于机械、电子、航天、化工、建筑等行业，对提高企业设计效率、优化设计方案、减轻技术人员的工作强度、缩短设计周期、加强设计标准化，有明显的优势。随着人工智能、多媒体、虚拟现实和信息技术的进一步发展，CAD 必然向着集成化、智能化、协同化的方向发展。

本书中的实例基于 AUTODESK 公司的 AutoCAD 产品进行建模，本节会为读者进行简单介绍。AutoCAD 软件是 AUTODESK（欧特克）公司于 1982 年开发的计算机辅助设计软件，在各个行业和领域有广泛的应用。它具有良好的用户界面，通过交互菜单和命令行方式可以便捷地进行各种操作。从面世之初的 AutoCADV1.0 版本开始，每次升级功能不断强化，用户体验更完善。本书中实例讲解使用的是 AutoCAD 2014 版本，不同版本的界面会有所差异，但不影响读者的对软件的学习和使用。

为了让读者更好地认识和使用建模软件，将对软件的界面及常用功能进行简单介绍，并选取例子进行讲解，使读者对软件的使用有初步的了解和掌握，为 3D 打印前的建模工作奠定基础。

1. AutoCAD 工作界面

（1）启动软件

为方便阅读，特向读者说明，下文中关于命令调用一种或多种方式，在【调用】后；针对命令的要点或详细解释，在【要点】后。

【调用】

√单击 Windows 任务栏上的"开始"-"所有程序"-"Autodesk"-"Auto-CAD"2014（或其他版本）。

√双击 Windows 桌面上 AutoCAD 软件快捷方式图标。

√双击保存的 AutoCAD 图形文件。

第一种是通用方式，后两种根据用户软件的安装和使用情况选用。

（2）工作空间

工作空间是由分组组织的菜单、工具栏、选项板和功能区控制面板组成的集合，使用户可以在专门的、面向任务的绘图环境中工作。AutoCAD 提供了"草图与注释""AutoCAD 经典""三维基础"和"三维建模"四种工作空间。除此之外，用户还可以创建和更改工作空间。用户可以通过以下方式进行工作空间的切换。

【调用】

√菜单栏：工具-工作空间。

√命令行：WSCURRENT。

√工具栏或功能区：AutoCAD 经典 。

√快速访问工具栏：AutoCAD 经典 。

不同的工作空间，显示的命令内容和放置的位置有所区别。每个空间仅显示与任务相关的工具栏、菜单和选项板，使得用户的工作屏幕区域最大化。其中"草图与注释"和"AutoCAD 经典"空间适用于二维图形的绘制环境，"三维基础"和"三维建模"空间适用于三维实体的创建。下文将以"AutoCAD 经典"空间为例，介绍四种空间共性的命令，分别介绍四种工作空间个性的内容。

（3）"AutoCAD 经典"工作空间

"AutoCAD 经典"是由旧版本保留的用于绘制二维工程图纸的工作空间，是AutoCAD 老用户比较熟悉的界面。主要由标题栏、快速访问工具栏、经典菜单栏、工具栏、绘图区、状态行和命令行组成。"AutoCAD 经典"工作空间的工作界面如图 4-9 所示。

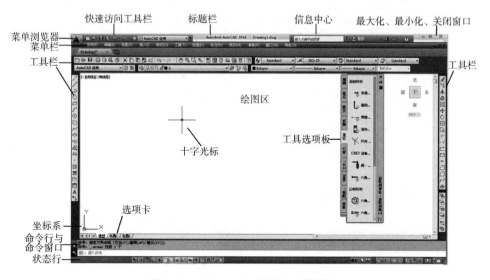

图 4-9　"AutoCAD 经典"工作界面

①菜单浏览器。单击窗口左上角的图标按钮，将展开菜单浏览器图 4-10，显示了文件菜单栏中的常用命令以及最近使用的文档，方便用户快速调用。右下方有"选项"和"退出"软件按钮。单击"选项"按钮弹出对话框，如图 4-11 所示，用来自定义程序设置。"选项"对话框的内容比较繁杂，不做一一介绍，后文中会对常用的功能进行讲解。

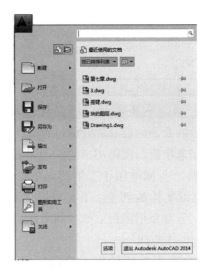

图 4-10　菜单浏览器

图 4-11　"选项"对话框

【要点】

√双击菜单浏览器图标可以关闭 AutoCAD 软件。

②快速访问工具栏。

"快速访问工具栏"显示了经常使用的命令，默认显示的有新建、打开、保存、另存为、打印、放弃、重做和工作空间，如图 4-12 所示。根据需要，单击最右侧的下拉箭头，在弹出的菜单中，可将多个命令添加其中，超出工具栏最大长度的命令将显示在弹出型按钮中；可以取消勾选某些命令，将不显示在快速访问工具栏中。用户可以控制"快速访问工具栏"的隐藏和显示，以及控制其在功能区上方或下方显示（图 4-13）。

图 4-12　快速访问工具栏

图 4-13　标题栏

③标题栏。

其位于工作界面的顶部，显示当前运行的软件名称及版本、当前文件名等信息。如果当前图形文件未保存，则显示文件名为 Drawing n. dwg，n 表示数字。标题栏右端的 3 个按钮，实现窗口最小化、最大化和关闭功能。

④信息中心。

信息中心是一种用在多个 Autodesk 产品中的功能，使用户可以访问许多与产品相关的信息源（图 4-14）。

图 4-14　信息中心

⑤经典菜单栏。

AutoCAD 经典工作空间默认显示 12 个菜单项，包括文件、编辑、视图、插入、格式、工具、绘图、标注、修改、参数、窗口和帮助。

【调用】

√鼠标单击相应的菜单项。

√键盘按 Alt+菜单项中对应的字母键组合。

例如，用户可以通过鼠标单击菜单栏的"文件（F）"，或者键盘按 Alt+F 键，激活"文件"菜单项。

【要点】

√菜单项中显示 ▶，表示该菜单项还有下一级子菜单，如图 4-15 所示。

图 4-15　子菜单级别

√菜单项中显示 ...，表示执行该命令将弹出对话框，如图 4-16 所示。

图 4-16　弹出对话框的菜单栏显示

√菜单项中显示按键组合，表示可通过按键组合执行指令，如图 4-17 中键盘按下 Ctrl+X 组合键将执行"剪切"指令。

图 4-17　命令的按键组合

√菜单项中显示快捷键，表示该下拉菜单打开时，输入该字母即可执行指令，如图 4-18 中的"剪切"指令，在"编辑"下拉菜单打开的前提下，键盘输入 T 即可激活指令。

图 4-18　命令的快捷键

⑥快捷菜单栏。

在 AutoCAD 工作界面的不同位置及不同操作状态时单击右键，会弹出内容不同的快捷菜单。快捷菜单中显示的命令与当前状态和操作有关，有助于用户快速、高效地完成某些操作。图 4-19 显示了在工作界面的不同位置单击右键时显示的快捷菜单内容。图 4-20 显示了不同工作状态时在绘图区单击右键显示的快捷菜单内容。

菜单栏的定制

（a）标题栏处快捷菜单　　（b）快捷访问工具栏处快捷菜单　　（c）工具栏处快捷菜单（d）菜单栏处快捷菜单

图 4-19　在工作界面不同位置右击显示的快捷菜单

⑦工具栏。

"AutoCAD 经典"工作空间默认显示的工具栏如图 4-21 所示，其他工具栏是默认关闭的。用户若要显示或关闭工具栏，可在工具栏任意位置单击鼠标右键，弹出如图 4-22 所示的快捷菜单，勾选或取消勾选某个工具栏，即可在工作界面显示或关闭相应的工具栏。

(a) 空指令时快捷菜单　　　　　　(b) 圆指令时快捷菜单

图 4-20　不同工作状态时绘图区显示的快捷菜单

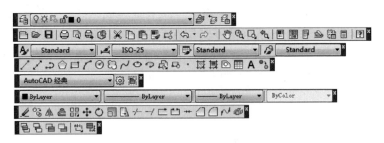

图 4-21　"AutoCAD 经典" 工作空间默认显示的工具栏

【要点】

√工具栏分为浮动和固定两类：放置在绘图区内属于浮动工具栏；放置在绘图区四周属于固定工具栏。

√无论是浮动还是固定工具栏，都可通过菜单栏 "窗口" – "锁定位置" 进行位置锁定或解锁，如图 4-23 所示。非锁定状态的工具栏可通过鼠标自由拖拽到新位置、调整工具栏形状；锁定状态的工具栏须先解锁或按住 Ctrl 键才能进行移动位置、调整形状的操作。

图 4-22　快捷菜单

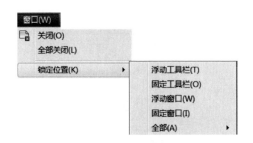

图 4-23　锁定/解锁工具栏

√当光标停留在工具栏的命令图标时，会显示相应的提示。如图 4-24 所示当鼠标停留在"直线"指令时出现（a）图所示的提示，当停留时间更长一点会出现更详细的（b）图的说明。

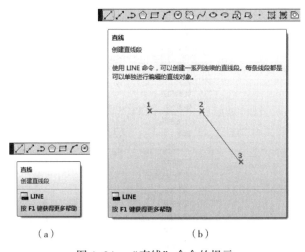

（a）　　　　　　　　　（b）

图 4-24　"直线"命令的提示

⑧绘图区。

绘图区是界面中最大的区域，用户在此区域绘制和编辑图形，其背景颜色可通过菜单栏的"工具" - "选项"弹出对话框中的"显示"选项卡进行设置，步骤如图 4-25 所示。

绘图区左下角显示坐标系图标，默认情况下是世界坐标系（WCS）。鼠标位于绘图区时，样式是不固定的。无命令状态下，显示为十字光标；很多命令过程中，变为小方框的形状，如图 4-26 所示。十字光标和小方框的大小都可以调节，前者通过菜单栏"工具" - "选项"弹出对话框中的"显示"选项卡中"十字光标大小"进行调节；后者在对话框的"选择集"选项卡的"拾取框大小"调节，如图 4-27 所示。

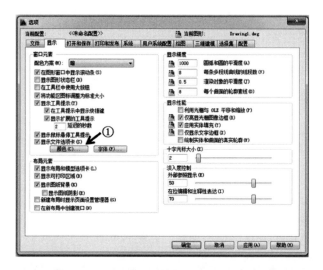

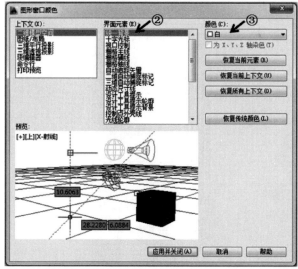

图 4-25　绘图区显示设置

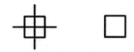

（a）无命令状态　（b）命令过程中拾取状态

图 4-26　坐标系图标

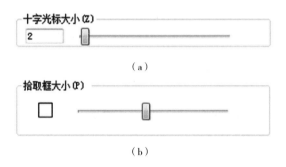

（a）

（b）

图 4-27　光标和拾取框大小的设置

⑨工具选项板。

工具选项板是 AutoCAD 提供的组织、共享和放置块及填充的一种快捷有效的捷径，如图 4-28 所示。

图 4-28　工具选项板

【调用】

√菜单栏：工具－选项板－工具选项板。

√快捷方式：Ctrl+3。

⑩选项卡。

每张图纸的绘图区下方会显示"模型""布局 1""布局 2"三个选项卡（图 4-29）。默认情况下，用户在"模型"空间进行图形或实体的绘制；在"布局"空间进行打印输出的设置，可创建显示模型空间的不同视图的布局视口。

工具选项板要点

命令行与命令窗口

图 4-29　选项卡

⑪命令行与命令窗口。

命令行和命令窗口合称命令区，默认显示三行文字，位于绘图区下方，可通过鼠标调整其位置和宽度。命令区显示了用户通过键盘、菜单栏或工具栏输入的命令及操作提示，是用户和软件进行互动的窗口，是初学者应该特别关注的区域，可以指导用户进行下一步操作。单击 F2 键可以打开 AutoCAD 文本窗口，它是放大的命令区，记录了 AutoCAD 软件启动之后用过的所有命令和提示信息。

当处于执行指令状态时，命令行可能会提供给用户多种选择，用户需根据提示，确定下一步的操作。

√命令行中 ［ ］ 表示：除当前执行动作之外的其他选项。

√命令行中 ( ) 表示：相应的选项代号，用户可通过输入 ( ) 中的字母代号，回车后切换到该选择项。

√命令行中< >表示：默认选项，直接回车即可执行< >中的数据或内容。

⑫状态栏。

状态栏位于屏幕的底端，显示光标位置、绘图工具以及会影响绘图环境的工具。这里的大多数命令都为透明命令，即在执行其他命令过程中，调用透明命令，对当前的任务不会造成中断，像透明的一样。在状态栏的不同位置单击右键，会弹出不同的快捷菜单，方便用户进行相关设置。下文为用户详细介绍状态栏的功能（图 4-30）。

图 4-30　状态栏

A. 图形坐标。

状态栏最左端显示光标在绘图区的三维坐标值（图 4-31）。有"绝对""相对"

"关"3种模式,"绝对"指坐标随着光标的移动而更新;"相对"是随着光标移动而更新相对距离,以"距离<角度"的格式显示,此选项只有在绘制需要输入多个点坐标的对象时才可用;"关"状态时呈浅灰色显示且不随光标移动而改变坐标值,仅当指定点时才更新(图4-32)。其可通过以下几种方法在三种模式间切换。

　　√使用 COORDS 系统变量设定,0是"关",1是"绝对",2是"相对"。

　　√鼠标单击状态行左端的坐标显示。

　　√重复按 Ctrl+I。

　　√右键弹出的快捷菜单切换。

图 4-31　状态栏的图形坐标

图 4-32　状态栏坐标值的显示模式

　　B. 绘图辅助工具。

　　绘图辅助工具位于状态栏的中部,共有15个图标,如图4-33所示;图标对应命令及快捷方式如图4-34所示。用户在图标上单击鼠标左键打开或关闭此项功能;单击右键则弹出快捷菜单对此功能进行设置。各功能具体释义如下。

图 4-33　状态栏的绘图辅助工具

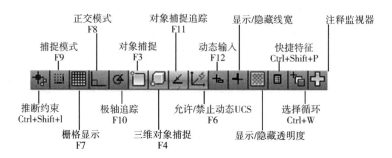

图 4-34　绘图辅助工具

　　a. 推断约束。启用后，将自动在正在创建或编辑的对象与捕捉的关联对象或点之间创建约束。如图 4-35 所示，对完全相同的两组直线进行拉伸。开启"推断约束"，拉伸其中一条直线的端点至另一条直线的端点重合时，会创建"重合"约束，两个端点合二为一；关闭"推断约束"，则两个端点只会形成位置上的重合，没有约束限制，仍是两个独立的个体，可分别进行夹点操作。

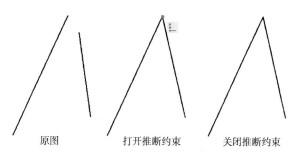

原图　　　　　　打开推断约束　　　　　　关闭推断约束

图 4-35　"推断约束"示例

　　在"推断约束"图标上单击右键弹出的快捷菜单中选择"设置"，弹出如图 4-36 所示的"约束设置"对话框，用户可以根据实际需要对推断约束的类型等内容进行设置。

图 4-36　"推断约束"的设置

　　b. 捕捉模式。开启捕捉后，绘图区好像一张隐形的网格，鼠标只能定位到网格的格点。格点的间距、捕捉的类型等内容，用户可以根据需要设置。在"捕捉模式"图标上单击右键弹出的快捷菜单中选择"设置"，出现如图 4-37 所示的"草图设置"对话框，"捕捉和栅格"选项卡中选项功能如下。

设置 X 或 Y 方向的捕捉
间距可相等或不等。

当选择 PolarSnap 类型，
配合极坐标追踪或对象
捕捉追踪，用来设定捕
捉增量距离。

光标沿着水平或垂直的
栅格点进行捕捉。

光标沿着等轴测方向进行
捕捉。

光标在极轴追踪的方向上
按极轴距离设定的数值进
行捕捉。

将二维模型空间或块编辑器或
图纸和布局的栅格样式设定为
电栅格。

控制栅格的显示间距，栅格的
界限受 LIMINTS 和 GRIDDISPLAY
系统变量的控制。

缩小时，限制栅格密度。

栅格范围不受 LIMITS 范围限制。

更改栅格平面以跟随动态 UCS
的 XY 平面。

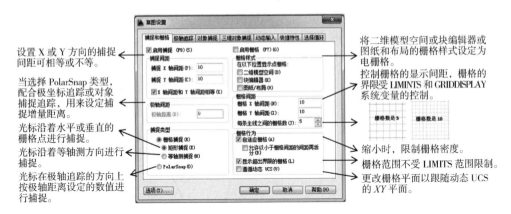

图 4-37　"捕捉和栅格"的设置

c. 栅格显示。开启后，在屏幕上显示栅格，一般和捕捉配合使用。

d. 正交模式。约束光标在水平或垂直方向移动，输入坐标值或指定对象捕捉时将忽略"正交"，一般适用于水平线或垂直线较多的图形。

e. 极轴追踪。开启极轴追踪，移动光标到设定角度附近时，会出现方向追踪引导线，方便用户定向。在"极轴追踪"图标上单击右键弹出的快捷菜单中选择"设置"，弹出的关于极轴追踪的设置对话框功能释义如图 4-38 所示。

设定用来显示极轴对齐路径的
极轴角增量，按增量角及其倍
数的角度进行追踪。

设定用来显示极轴对齐路径的
角度，是绝对值，而非增量的。
最多可添加 10 个角度。

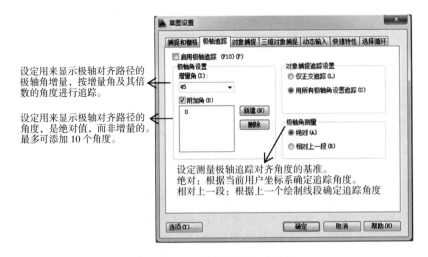

图 4-38　"极轴追踪"的设置

例如，当设定增量角为 45°，附加角为 33°，极轴角测量选择"绝对"时，以水平向右为 0°起始位置，逆时针旋转为正，当鼠标移动到 33°、45°以及 45°的倍数角度时，就会出现增量角追踪引导线，如图 4-39 所示，0°、33°、135°位置所示的虚线（45°的其他倍数角度位置略）。但设置附加角 33°，仅限于 33°的位置出现方向追踪引导线，不包括 33°倍数的位置。

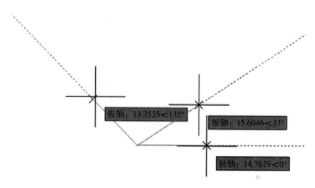

图 4-39　"极轴追踪"的示例

本章中的实例，括号里的文字，除了命令行中命令选项的代号外，表示提示读者的操作说明，如图 4-40 所示。

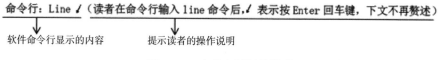

图 4-40　本章中例题的说明

f. 对象捕捉。开启对象捕捉功能，方便用户精准捕捉指定的特殊位置。捕捉的对象类型可通过"对象捕捉"对话框进行设置。在"对象捕捉"图标上单击鼠标右键弹出的快捷菜单中选择"设置"，弹出如图 4-41 所示的对话框。用户可勾选一个或多个对象，每类对象都有对应的图标符号。例如端点用□表示，象限点用◇表示，用户可根据显示的符号判断当前捕捉的对象类别。如果启用多个执行对象捕捉时，在指定位置附近可能有多个对象符合条件，可按 Tab 键循环切换。一般自动对象捕捉方式不宜选择太多，只选择常用的几个捕捉方式，不常用的可以使用临时对象捕捉。各种对象捕捉模式释义见表 4-2。

图 4-41　"对象捕捉"的设置

表 4-2　"对象捕捉"类型的释义

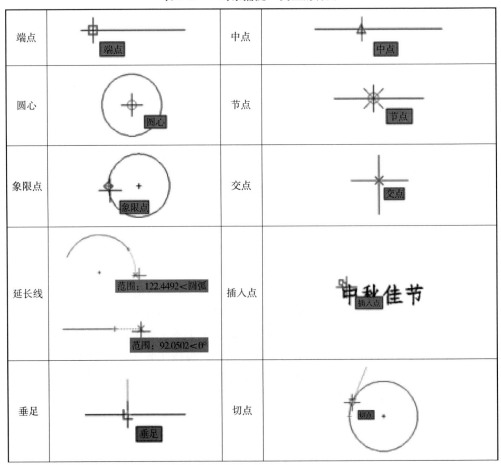

端点		中点	
圆心		节点	
象限点		交点	
延长线	范围: 122.4492<圆弧 范围: 92.0502<0°	插入点	中秋佳节
垂足		切点	

续表

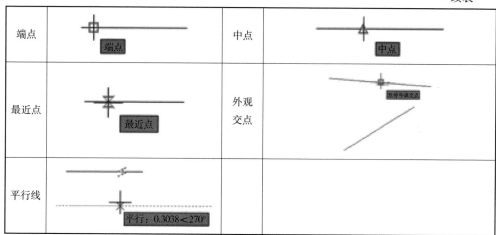

除了上述的固定捕捉外，还可以使用临时捕捉，这种捕捉方式仅对指定的一次有效。临时捕捉可以通过输入捕捉名称关键字、"对象捕捉"快捷菜单、"对象捕捉"工具栏 3 种方式实现。

输入捕捉名称关键字：命令行提示需要指定点或位置时，用户直接输入想捕捉的对象类型的关键字回车，命令行在相应的指令后出现"于"，如图 4-42 所示，此时即可临时捕捉对应类型的对象一次。各种名称对用的关键字如表 4-3 所示。

⌖ ▾ CIRCLE 于

图 4-42 临时捕捉时命令行的显示

表 4-3 捕捉模式的关键字

名称	关键字	名称	关键字
中点	Mid	捕捉自	Fro
端点	End	临时追踪点	Tt
角点	Int	外观交点	App
延长线	Ext	圆心	Cen
象限点	Qua	切点	Tan
垂足	Per	平行线	Par
插入点	Ins	节点	Nod
最近点	Nea	两点之间的中点	M2p

"对象捕捉"快捷菜单：当用户需要临时捕捉特殊位置时，按住 Shift 键同时单击鼠标右键即可显示如图 4-43 的快捷菜单，选择需要的类别或输入类别对应的字母代号，即可激活本次临时捕捉功能。这种捕捉仅当次有效，下次仍需捕捉时，需要重复步骤。

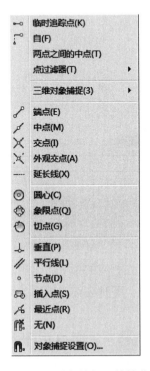

图 4-43 "对象捕捉"快捷菜单

"对象捕捉"工具栏：如图 4-44 所示，其功能同"对象捕捉"快捷菜单。

图 4-44 "对象捕捉"工具栏

对其中几个不常见的功能或内容解释如下。

临时追踪点 ：一般配合"极轴追踪"设置的角度，在提示输入点时，选择"临时追踪点"，然后指定一个临时追踪点，该点上将出现一个小的加号，移动光标将出现相对这个临时点显示的追踪对齐路径。

捕捉自 ：在命令中定位某个点相对于参照点的偏移。

　　两点之间的中点：定位两点间的中点。例如，图4-45
中鼻子的起点位于两个圆心中间，可用"两点之间的中点"
直接确定直线的起点。

　　点过滤器：在任意定位点的提示下，可以提取几个点
的 X、Y 和 Z 值来指定单个坐标。此指令可以通过"对象捕
捉"快捷菜单及输入命令关键字的方式调用。例如在长方
体内部创建球体，如图4-46 所示，要求其圆心对齐点 1 的
X 轴，点 2 的 Y 轴，点 3 的 Z 轴。

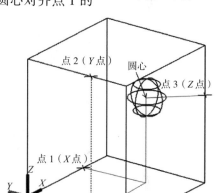

图 4-45　"两点之间的
中点"示例

　　√三维对象捕捉。三维中的对象捕捉
与二维中的工作方式类似，不同之处在于
三维中可以捕捉投影对象。在"三维对象
捕捉"图标上单击右键弹出的快捷菜单中
选择"设置"，弹出的对话框如图 4-47 所
示，方法与二维类似。

　　g. 对象捕捉追踪。开启"对象捕捉追
踪"，配合"对象捕捉"功能，将从设定的
特征对象引出方向追踪引导线。特征对象的
设定取决于"对象捕捉"的设置内容。

图 4-46　"点过滤器"示例

图 4-47　"三维对象捕捉"设置

　　使用时，先将光标移动到捕捉点上再移开，将出现追踪引导线；再次将光标移
动到捕捉点上再移开，将不再显示追踪引导线。

　　设置对话框如图 4-48 所示，若选择"仅正交追踪"则仅显示已获得的对象捕捉点的垂直和水平方向的对象捕捉路径；若选择"用所有极轴角设置追踪"则与"极轴追踪"共用角度设置选项，从获取的对象捕捉点起沿极轴角度进行追踪。

　　如图 4-49 所示，在矩形内创建一个圆，要求其圆心位于矩形边上两个节点的交叉点上，利用"对象追踪捕捉"沿着两个节点引出两条追踪线，在其相交处确定圆心。

图 4-48　"对象捕捉追踪"设置

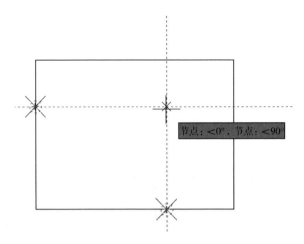

图 4-49　"对象捕捉追踪"示例

h. 允许/禁止动态 UCS。启用后，可以在创建对象时使用户坐标系（UCS）的 X-Y 平面自动与三维实体上的平面临时对齐。如图 4-50 所示，在一斜面上创建圆柱体，当允许动态 UCS 时，光标移动到斜面时，会临时创建与平面平行的 UCS，并在此坐标系下创建圆柱体，如图 4-50（a）所示；当禁止动态 UCS 时，创建的圆柱体虽然圆心定位在斜面，但轴向垂直当前 UCS 的 X-Y 平面，即平面左下角的坐标系，如图 4-50（b）所示。

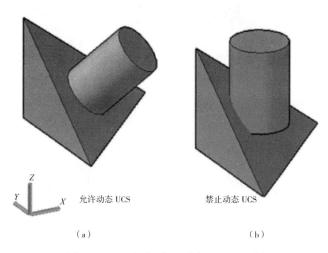

允许动态 UCS　　　　　　　　　禁止动态 UCS

（a）　　　　　　　　　　　（b）

图 4-50　"允许/禁止动态 UCS" 示例

i. 动态输入。用于控制指针输入、标注输入、动态提示以及绘图工具提示的外观。如图 4-51 所示，启用和关闭动态输入，鼠标指针外观显示不同。关于动态输入的设置如图 4-52 所示，用户可根据需要进行调整。

启用动态输入　　　　　　　　　关闭动态输入

图 4-51　启用和关闭 "动态输入"

勾选 "启用指针输入"，在绘图区域移动光标时，光标附近的工具栏提示显示为坐标。用户可以在工具栏提示中输入坐标值，使用 Tab 键在提示框中进行切换，如图 4-53（a）所示。

勾选 "可能时启用标注输入"，当命令提示输入第二点时，工具栏提示距离和角度值，通过 Tab 键在提示框中进行切换，如图 4-53（b）所示。

勾选 "在十字光标附近显示命令提示和命令输入"，在光标附近显示命令提示

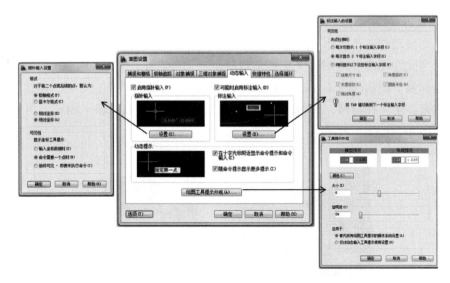

图 4-52　"动态输入"的设置

如图 4-53（c）所示，当提示中出现 ![图标]，用户使用键盘上↓键显示其他选项，如图 4-53（d）所示。

　　勾选"随命令提示显示更多提示"，显示用 Shift 键和 Ctrl 键进行夹点操作的提示，如图 4-53（e）所示。

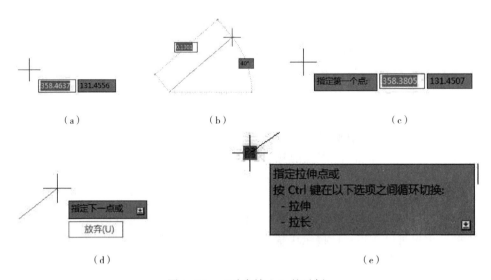

图 4-53　"动态输入"的示例

j. 显示/隐藏线宽。在模型空间中显示或隐藏设置的线宽。如图 4-54 所示，同一条直线，开启或关闭线宽不同的显示效果。

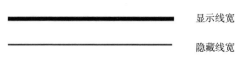

图 4-54　显示和隐藏"线宽"

k. 显示/隐藏透明度。用于控制对象透明度的显示效果。

l. 快捷特性。用于指定是否显示"快捷特性"选项板的设置，其设置对话框如图 4-55 所示。开启功能后，在选择对象附近出现其特性选项板，如图 4-56 所示，选择圆后，显示相应的特性内容。

图 4-55　"快捷特性"的设置

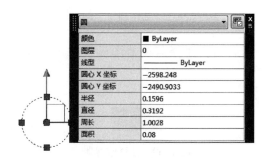

图 4-56　圆的特性内容

m. 选择循环。用于更改设置以便在重叠对象上显示选择对象，其设置对话框如图 4-57 所示。例如，图 4-58 所示两条长度不同的直线重合时，通过开启"选择循环"方便用户进行选择。

图 4-57　"选择循环"的设置

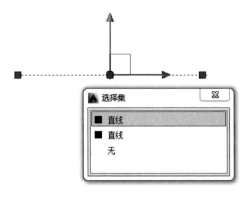

图 4-58　"选择循环"的示例

n. 注释监视器。开启后，注释监视器图标被添加到系统托盘中，图标如图 4-59 所示。

图 4-59　注释监视器

C. 模型/图形工具。

状态栏提供了三个与图形和模型有关的工具，用来预览打开的图形和布局，并在其间进行切换，如图 4-60 所示。

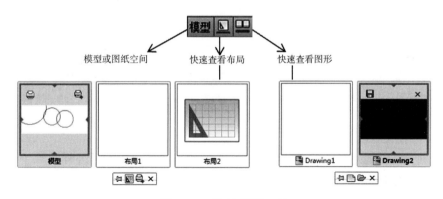

图 4-60   模型/图形工具

D. 注释比例工具。

状态栏提供了用于注释性对象的工具，用于缩放注释，如图 4-61 所示。

图 4-61   注释比例工具

E. 工作空间及其他工具。

其他工具的图标释义如图 4-62 所示。

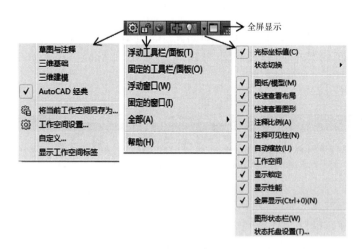

图 4-62   工作空间及其他工具

（4）"草图与注释"工作空间

其界面与 AutoCAD 经典相比，最明显的区别就是功能区取代了工具栏，使界面更加简洁，指令更加集中，如图 4-63 所示。

图 4-63 "草图与注释"工作空间的功能区

选项卡和其显示面板的内容可以在功能区的空白处单击右键进行设置，在弹出的快捷菜单中勾选或取消勾选即可实现显示或隐藏，如图 4-64 所示。

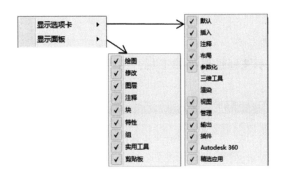

图 4-64 显示内容的调整

（5）"三维基础"工作空间

"三维基础"工作空间的功能区如图 4-65 所示，显示了三维建模特有的基础工具。工作界面的其他内容及操作方法与前文中"AutoCAD 经典"相似，不再赘述。

图 4-65 "三维基础"工作空间的功能区

（6）"三维建模"工作空间

"三维建模"工作空间的功能区如图 4-66 所示，显示了三维建模特有的工具。工作界面的其他内容及操作方法与前文中"AutoCAD 经典"相似，不再赘述。

图 4-66　"三维建模"工作空间的功能区

绘图环境设置

2. 命令的调用

（1）启动命令的方法

AutoCAD 软件中，大部分功能都可以通过以下方式进行启动调用。

①命令行方式。

在 AutoCAD 命令行输入命令代号或简写，回车或空格后即可启动命令，然后根据命令行的提示继续进行操作。命令字符不分大小写，命令代号的简写有利于记忆及提高工作效率，有时是命令代号的第一个字母。例如绘制圆时，可在命令行中输入"circle"或简写"c"，回车后即可进行圆的绘制。

有些命令可以以命令行显示或对话框显示两种形式执行，输入启动时，通过在指令名前加"−"和不加"−"进行选择。一般情况建议用户使用对话框显示模式，操作更灵活高效。例如层的功能，在命令行输入"layer"或"la"回车后，出现如图 4-67 所示对话框；若输入"−layer"或"−la"回车后，出现的是如图 4-68 所示的命令行内容。

为了介绍方便，本书中的实例大多使用命令行的方式启动命令，后面不再赘述。

图 4-67　"图层"的对话框

-LAYER 输入选项 [? 生成(M) 设置(S) 新建(N) 重命名(R) 开(ON) 关(OFF) 颜色(C) 线型(L) 线宽(LW) 透明度(TR) 材质(MAT) 打印(P) 冻结(F) 解冻(T) 锁定(LO) 解锁(U) 状态(A) 说明(D) 协调(E)]:

图 4-68　"图层"的命令行

②菜单栏方式。

大部分命令都可以在菜单栏不同类别的下拉菜单中启动。例如，绘图类工具集中在"绘图"下拉菜单；修改类工具集中在"修改"下拉菜单中；如要进行图形的标注，可从"标注"下拉菜单中选择。

菜单栏除鼠标单击操作外，还可全键盘操作，通过 Alt 键加子菜单对应的字母代号激活下拉菜单，通过方向键选择指令。例如直线指令，可通过 Alt+D 激活"绘图"类别的下拉菜单，通过↓或↑上下调整选择"直线"后回车或直接输入命令对应的 L 回车。

③工具栏或功能区。

在功能区或工具栏中点击命令对应的图标按钮，启动相应命令。在不同的工作空间，工具栏或功能区的内容和位置略有不同，但图标显示不变。例如直线指令，如图 4-69 所示，在"草图与注释"工作空间中，放置在"绘图"功能区；如图 4-70 所示，在"AutoCAD 经典"工作空间中，放置在"绘图"工具栏中。通过工具栏或功能区启动的命令，命令行显示该命令前自动加一下划线"_"，但执行过程不受影响。

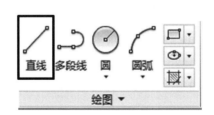

图 4-69　功能区中的直线

图 4-70　工具栏中的直线

④重复执行命令。

如需执行与上一步操作相同的命令，除了按上述三种方式外，用户还可以直接回车或空格，即可启动命令。或者在绘图区单击右键，弹出的快捷菜单中选择"重复 XX"。在快捷菜单中，选择"最近的输入"，次级菜单项中显示最近使用的指令。

（2）结束命令的方法

用户在执行命令过程中，按 Esc 键可中断正在执行的命令，或单击右键弹出的快捷菜单中选择"取消"，恢复无命令状态。也可以直接启动其他命令，切换到下一个命令模式。如果启动的是透明命令，如状态栏的一些辅助功能，正交、对象捕捉等，则不影响当前命令的执行。

4.2.1.3　应用实例

用 AutoCAD 完成球形魔方的建模，模型拼插和分解后的形状如图 4-71 所示。以下提供一种建模思路供读者参考。"命令"后的内容为指令调用方式，括号内的文字是注释，为读者提示此步操作的内容或者需要鼠标执行的动作。

图 4-71　例题球形魔方

参考步骤如下。

①命令：la。（在弹出的对话框中进行图层的设置，新增几个图层，分别设置不同的颜色，将不同的模块放置在不同的图层，方便读者观察，如图 4-72 所示。）

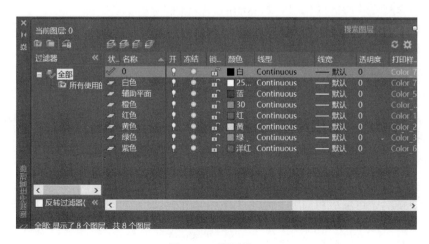

图 4-72　图层设置

②命令：-view 输入选项［？/删除（D）/正交（O）/恢复（R）/保存（S）/设置（E）/窗口（W）］：_ front 正在重生成模型。（调整视图方向为前视图。）

③命令：_ sphere。（创建球体。）

指定中心点或三点（3P）/两点（2P）/切点、切点、半径（T）。（在屏幕上指定一点位置。）

指定半径或 直径（D）：32。（设置球体半径为32。）

④命令：-view 输入选项［？/删除（D）/正交（O）/恢复（R）/保存（S）/设置（E）/窗口（W）］：_ top 正在重生成模型。（调整视图方向为顶视图。）

⑤命令：_ Planesurf。（创建一个平面。）

指定第一个角点或［对象（O）］<对象>。（在屏幕上指定一点，可以借助球心等特殊点，确保创建的平面经过球体中心。）

指定其他角点。（在屏幕上指定一点，从而确定平面的大小和位置。）

⑥命令：-view 输入选项［？/删除（D）/正交（O）/恢复（R）/保存（S）/设置（E）/窗口（W）］：_ front 正在重生成模型。（调整视图方向为前视图。）

⑦命令：_ copy。（调用复制指令。）

选择对象：指定对角点——找到 1 个（选择刚才创建的平面后，回车确定。）

当前设置：复制模式＝多个。

指定基点或［位移（D）/模式（O）］<位移>。（在屏幕上选择一个点作为基点，一般选择端点、圆心等特殊点。）

指定第二个点或［阵列（A）］<使用第一个点作为位移>：6。（向上移动鼠标，当出现垂直方向引导线时，输入距离 6 并回车。）

指定第二个点或［阵列（A）］<使用第一个点作为位移>：12。（向上移动鼠标，当出现垂直方向引导线时，输入距离 12 并回车。）

指定第二个点或［阵列（A）］<使用第一个点作为位移>：6。（向下移动鼠标，当出现垂直方向引导线时，输入距离 6 并回车。）

指定第二个点或［阵列（A）］<使用第一个点作为位移>：12。（向下移动鼠标，当出现垂直方向引导线时，输入距离 12 并回车。）

指定第二个点或［阵列（A）/退出（E）/放弃（U）］<退出>。（回车，退出复制指令。）

⑧命令：_ rotate。

UCS 当前的正角方向：ANGDIR＝逆时针 ANGBASE＝0。

选择对象：指定对角点——找到 1 个（选择创建的第一个平面，也就是过球心的那个平面后，回车确认。）

指定基点。（选择球心为基点。）

指定旋转角度，或［复制（C）/参照（R）］<0>：C。（选择复制模式。）

指定旋转角度，或［复制（C）/参照（R）］<0>：90。（输入旋转角度90°。）

⑨命令：_copy。（调用复制指令。）

选择对象：找到 1 个。（选择旋转 90°后的新复制的平面。）

当前设置：复制模式=多个。

指定基点或［位移（D）/模式（O）］<位移>。（选择一个点作为基点，一般选择端点等特殊点。）

指定第二个点或［阵列（A）］<使用第一个点作为位移>：6。（向上移动鼠标，当出现垂直方向引导线时，输入距离 6 并回车。）

指定第二个点或［阵列（A）/退出（E）/放弃（U）］<退出>：12。（向上移动鼠标，当出现垂直方向引导线时，输入距离 12 并回车。）

指定第二个点或［阵列（A）］<使用第一个点作为位移>：6。（向下移动鼠标，当出现垂直方向引导线时，输入距离 6 并回车。）

指定第二个点或［阵列（A）/退出（E）/放弃（U）］<退出>：12。（向下移动鼠标，当出现垂直方向引导线时，输入距离 12 并回车。）

指定第二个点或［阵列（A）/退出（E）/放弃（U）］<退出>。（退出复制指令。）

⑩命令：-view 输入选项［?/删除（D）/正交（O）/恢复（R）/保存（S）/设置（E）/窗口（W）］：_left。（调整视图方向为左视图。）

⑪命令：_rotate。（调用旋转指令。）

UCS 当前的正角方向：ANGDIR=逆时针 ANGBASE=0。

选择对象：找到 1 个。（选择上文中创建的第一个平面，回车确认。）

指定基点。（选择球心作为基点。）

指定旋转角度，或［复制（C）/参照（R）］<90>：C。（选择旋转的复制模式。）

指定旋转角度，或［复制（C）/参照（R）］<90>：90。（输入旋转角度90°。）

⑫命令：-view 输入选项［?/删除（D）/正交（O）/恢复（R）/保存（S）/设置（E）/窗口（W）］：_top。（调整视图方向为顶视图。）

⑬命令：_copy。（调用复制指令。）

选择对象：找到 1 个。（选择上文创建的新平面。）

当前设置：复制模式=多个。

指定基点或［位移（D）/模式（O）］<位移>。（选择一个点作为基点，一般选择端点等特殊点。）

指定第二个点或［阵列（A）］<使用第一个点作为位移>：6。（向上移动鼠标，当出现垂直方向引导线时，输入距离6并回车。)

指定第二个点或［阵列（A）/退出（E）/放弃（U）］<退出>：12。（向上移动鼠标，当出现垂直方向引导线时，输入距离12并回车。)

指定第二个点或［阵列（A）］<使用第一个点作为位移>：6。（向下移动鼠标，当出现垂直方向引导线时，输入距离6并回车。)

指定第二个点或［阵列（A）/退出（E）/放弃（U）］<退出>：12。（向下移动鼠标，当出现垂直方向引导线时，输入距离12并回车，完成以上步骤后，如图4-73所示，在球体上创建了15个平面，选择这15个平面，将其切换到"辅助平面"图层。)

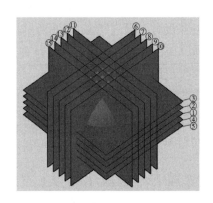

图4-73　剖切平面

⑭命令：_ slice。（调用剖切指令。)

选择要剖切的对象：找到1个。（选择球体后回车确认。)

指定切面的起点或［平面对象（O）/曲面（S）/z轴（Z）/视图（V）/xy（XY）/yz（YZ）/zx（ZX）/三点（3）］<三点>：S。（选择曲面选项。)

选择曲面。（选择平面①。)

选择要保留的剖切对象或［保留两个侧面（B）］<保留两个侧面>。（直接回车，选择保留两个侧面的选项。)

⑮命令：_ slice。（调用剖切指令。)

选择要剖切的对象：找到1个。（选择上半部球体后回车确认。)

指定切面的起点或［平面对象（O）/曲面（S）/z轴（Z）/视图（V）/xy（XY）/yz（YZ）/zx（ZX）/三点（3）］<三点>：S。（选择曲面选项。)

选择曲面。（选择平面⑦。)

选择要保留的剖切对象或［保留两个侧面（B）］<保留两个侧面>。（直接回车，选择保留两个侧面的选项。)

⑯命令：_ slice。（调用剖切指令。）

选择要剖切的对象：找到 1 个。（选择上半部右侧球体后回车确认。）

指定切面的起点或［平面对象（O）/曲面（S）/z 轴（Z）/视图（V）/xy（XY）/yz（YZ）/zx（ZX）/三点（3）］<三点>：S。（选择曲面选项。）

选择曲面。（选择平面⑨。）

选择要保留的剖切对象或［保留两个侧面（B）］<保留两个侧面>。（直接回车，选择保留两个侧面的选项。）

⑰命令：_ slice。（调用剖切指令。）

选择要剖切的对象：找到 1 个。（选择平面⑦和⑨之间的球体后回车确认。）

指定切面的起点或［平面对象（O）/曲面（S）/z 轴（Z）/视图（V）/xy（XY）/yz（YZ）/zx（ZX）/三点（3）］<三点>：S。（选择曲面选项。）

选择曲面。（选择平面。）

选择要保留的剖切对象或［保留两个侧面（B）］<保留两个侧面>。（直接回车，选择保留两个侧面的选项。）

⑱命令：_ slice。（调用剖切指令。）

选择要剖切的对象：找到 1 个。（选择平面⑦和⑨之间上半球前部的球体后回车确认。）

指定切面的起点或［平面对象（O）/曲面（S）/z 轴（Z）/视图（V）/xy（XY）/yz（YZ）/zx（ZX）/三点（3）］<三点>：S。（选择曲面选项。）

选择曲面。（选择平面③。）

选择要保留的剖切对象或［保留两个侧面（B）］<保留两个侧面>。［直接回车，选择保留两个侧面的选项。剖切完成后关闭“辅助平面”图层，效果如图 4-74（a）所示，将需要的部分选中，切换到“紫色”图层。关闭“0”图层后显示如图 4-74（b）所示。］

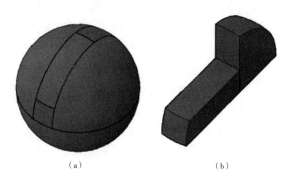

（a）　　　　　　　　　　　（b）

图 4-74　完成的第一部分

⑲命令：_ union。（调用并集指令。）

选择对象：指定对角点：找到 2 个。（选择"紫色"图层上球体的两部分后回车确认，完成后效果如图 4-75 所示。）

⑳命令：_ CHAMFEREDGE 距离 1=1.0000，距离 2=1.0000。（为了球体块之间更好地配合，可以对棱边进行倒角。调用倒角指令。）

选择一条边或［环（L）/距离（D）］：D。（选择"距离"选项。）

指定距离 1 或［表达式（E）］<1.0000>：0.5。（设置倒角尺寸 0.5。）

指定距离 2 或［表达式（E）］<1.0000>：0.5。 （设置倒角另一条边尺寸 0.5。）

选择一条边或［环（L）/距离（D）］。（选择需要进行倒角的边，回车即可，完成后效果如图所示。关闭"紫色"图层，打开"0"图层，效果如图 4-76 所示。）

图 4-75　并集后效果　　　图 4-76　去除第一部分后的效果

按照上文中所提供的方式，继续对剩余的部分进行剖切，获得圆球的第二个模块，并将其切换到"橙色"图层。完成后效果如图 4-77 所示。利用上文提到的"并集"指令将剩余的部分合并成一个整体，继续进行剖切，如图 4-78。目前已切除的部分图中俯视图方向的紫色和橙色部分，下一步将进行图 4-79 中左视图方向的绿色部分。完成后效果如图 4-80 所示，完成后将第三个模块切换到"绿色"图层。对剩余的部分继续分割为红色、白色和黄色三部分，相互位置关系如图 4-81 所示。将各个图层打开后，每部分效果如图 4-82所示。为了使各部分更好地配合，建议对接触面进行面偏移，形成间隙配合。

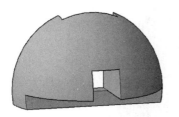

图 4-77   完成的第二部分

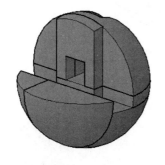
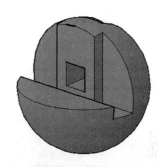

图 4-78   去除一、二部分后的效果

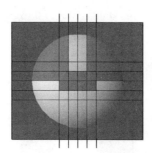
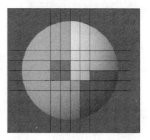

图 4-79   第三部分在球体中的位置

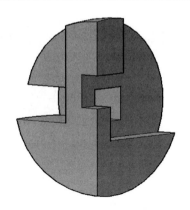

图 4-80　完成的第三部分

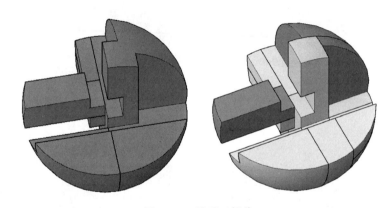

图 4-81　最后三部分

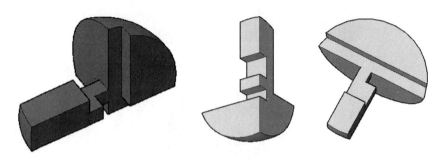

图 4-82　最后三部分独立效果

　　完成后对每个模块分别进行保存。在界面中选中需要保存的模块，菜单栏中选择"文件"－"输出"－"其他格式"，在弹出的如图 4-83 所示的对话框中，设置保存的位置及名称，文件格式选择"STL"后，点击"保存"。

图 4-83 保存为 STL 格式

4.2.2 切片

4.2.2.1 切片参数

不同的切片软件界面和操作方式略有差别，有一些共性的参数在切片软件中需要读者根据需要进行设置。

1. 模型放置位置/朝向

模型的摆放及朝向会影响打印时间、耗材使用量、支撑的分布，影响最后的打印效果。如图 4-84 所示的猫模型，正立和侧放产生的支撑位置不同，时间和耗材量差距也很大。

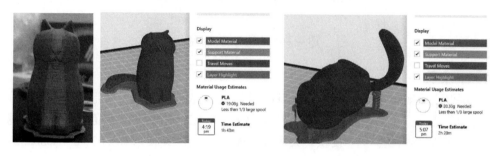

图 4-84 模型的摆放

2. 壁厚

为了保证模型结构强度，有最小壁厚限制，壁厚越大，零件硬度和强度越高。

模型尺寸越大，所需最小壁厚越大。但壁厚过大，降温不及时容易造成材料堆叠，可通过多层壁厚解决。壁厚也依赖于层高，不可能获得比层高更薄的部件。当设计带有薄壁特征的对象时，可以尝试改变所要打印部件的朝向，尽量使薄的部件平行于打印床。图 4-85 显示了不同尺寸的壁厚效果。

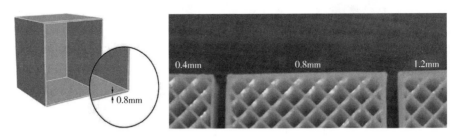

图 4-85　不同的壁厚效果

3. 填充

填充是在结构内部进行填补支撑，100%是完全填充，0%是完全不填充，如图 4-86 所示。填充密度越大，结构越密实，物体越坚固，打印时间越长，成本也越高。建议只是需要外形结构的模型填充设置在 20%~50%。

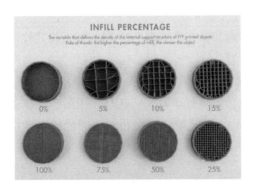

图 4-86　不同的填充效果

4. 层厚

层厚直接影响到模型外表面的精度。打印模型表面的纹理，就是打印过程中分层打印的痕迹，如图 4-87 所示。层厚越小，3D 打印越精细，速度越慢；层厚越大，3D 打印越粗糙，但速度快。大多数 FDM 打印机，具有介于 0.05~0.2 mm 的最小层厚度。

图 4-87 不同的层厚效果

5. 底座和裙边

一般切片软件中有 Raft（底座）和 Brim（裙边）选项。这些参数设置使得模型底部产生延伸的边缘，以增加物件粘在打印床的强度，减低翘起的情况。Raft（底座）是在模型底部多打印几层，相当于多出一个底座；Brim（裙边）是在模型第一层的基础上向外延伸一部分，如图 4-88 所示。两者作用类似，但后者只有一层厚，抵抗翘边的力度不及 Raft 大，Brim 适合应用在一些与打印平台的接触点小的模型上。

图 4-88 裙边和底座

4.2.2.2 切片软件

本书使用的是 Makerbot Print 切片软件。软件的界面比较简洁，工具栏图标功能如图 4-89 所示。通过"文件面板"加载需要进行切片的模型，可以将加载的多个对象放在一个或多个 plates 中，如图 4-90 所示。可以通过鼠标对打印平台的观察视图进行调整。滚动鼠标中键进行视觉上的缩放；按住鼠标中键进行平移；点击右键进行观察角度的调整。以上鼠标的操作方式并没有改变实际大小或者放置方向。通过界面右下角的"位置""旋转"和"缩放"工具可以对物体实现相应的改变，3个操作的截面如图4-91所示，读者可以根据实际需要对参数进行修改，实现物体位置的调整，大小的缩放。

界面右下角的"机型信息"中选择使用的打印机型号，如图4-92所示。在图4-93"打印设置"中根据个人需求对前文中提到的参数进行设置，完成后点击"打印预览时间预估"可以查看打印过程模拟，预估打印时间及耗材损耗等信息。最后在右下角的"Export"按钮输出切片完成后的.makerbot文件，就可以在3D打印机上打印了。

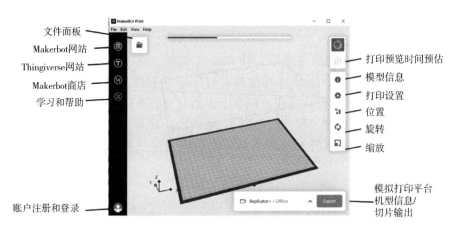

图 4-89　Makerbot Print 软件界面

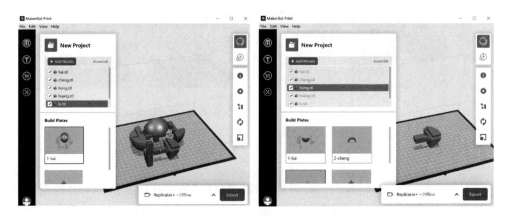

图 4-90　导入模型

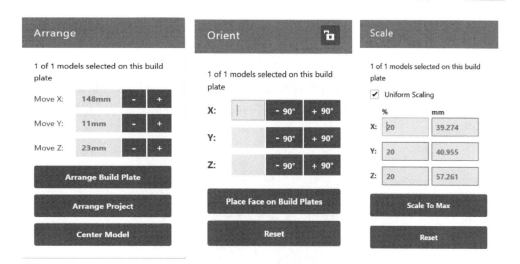

图 4-91　位置、旋转、缩放工具

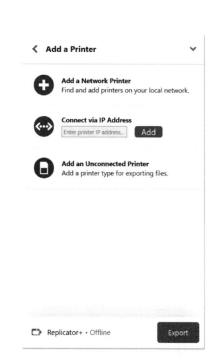

图 4-92　添加打印机

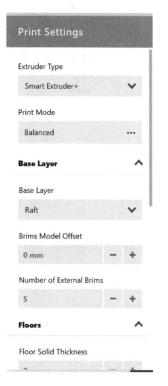

图 4-93　设置界面

4.2.2.3 实例

　　将上文创建的球形魔方的各个 stl 文件加载到 Makerbot Print 软件中。如果需要打印成不同颜色，需要分次进行打印。图 4-94 显示的是将所有对象加载在一个 Plates 中的摆放方向。预览后的效果如图 4-94 所示，其显示了打印后的效果及时长和耗材。

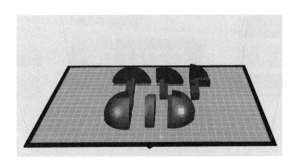

图 4-94　加载模型

4.2.3　后处理

　　打印完成后通常需要进行后处理，比如去除支撑材料，进行抛光打磨上色。后处理方式包括机械处理、表面涂层处理、化学处理等方式。

　　1. 机械处理

　　通过打磨的方式使模型表面光滑，小型物件可以使用砂纸、锉刀等工具进行人工操作；大型打印件可以借助砂轮机、打磨机等。

　　2. 表面涂层处理

　　通过液态涂层填充模型台阶间的间隙和凹坑，提高打印件表面的光泽度和光滑度。

　　3. 化学处理

　　将打印件浸泡在有机溶剂中，使其溶解模型表面的台阶，表面达到均匀的打磨效果。

　　4. 模型上色

　　颜料通过喷涂、刷涂、笔绘的方式，给模型添加颜色，来实现高度仿真的模型质感。

参考文献

［1］何贵显 . FANUC Oi 数控车床编程技巧与实例［M］. 北京：机械工业出版社，2017.

［2］刘蔡保 . 数控车床编程与操作（第二版）［M］. 北京：化学工业出版社，2019.

［3］李兴贵 . 数控车工入门与提高［M］. 北京：化学工业出版社，2012.

［4］徐衡 . FANUC 数控系统手工编程［M］. 北京：化学工业出版社，2013.

［5］吴培宁 . 计算机辅助设计与制造［M］. 北京：中国农业大学出版社，2013.

［6］陈冰主编 . 钳工［M］. 北京：北京邮电大学出版社，2007.

［7］杜继清编著 . 钳工［M］. 北京：人民邮电出版社，2010.

［8］温希忠，刘峰善，杜伟主编 . 钳工工艺与实训［M］. 济南：山东科学技术出版社，2006.

［9］温上樵主编 . 钳工实训教程［M］. 上海：上海交通大学出版社，2015.

［10］张玉中，孙刚，曹明编著 . 钳工实训［M］. 北京：清华大学出版社，2006.

［11］周兆元主编 . 钳工实训［M］. 北京：化学工业出版社，2010.

［12］［美］乔·米卡勒夫著 . 3D 打印设计入门教程［M］. 北京：机械工业出版社，2017.

［13］宋闯，贾乔编著 . 3D 打印 建模打印 上色实现与技巧［M］. 北京：机械工业出版社，2016.

［14］王晓燕，朱琳编著 . 3D 打印工业制造［M］. 北京：机械工业出版社，2019.